甘孜藏式民居装饰艺术研究

蔡光洁 著

科学出版社
北京

内 容 简 介

在全面实施乡村振兴和文旅融合发展战略背景下，通过基础性学术研究充分发掘甘孜藏式民居的人文艺术价值，对于保护民族乡村特色风貌、助力当地社会经济发展具有积极意义。

本书立足于艺术学，融合美学、文化人类学等多学科的视角、理论和方法，从表现形式、内容意义、审美需求、风格特征、现实价值等多个维度对甘孜藏式民居装饰艺术加以剖析和解读，充分呈现其本体特征和文化属性，进而反映康巴文化的多样统一特色和文化遗产资源价值。

本书适合热爱中华优秀传统文化，特别是对藏族文化艺术及乡村建筑美学有深厚兴趣的读者参阅。

图书在版编目（CIP）数据

甘孜藏式民居装饰艺术研究 / 蔡光洁著. -- 北京：科学出版社，2024. 11. -- ISBN 978-7-03-080017-6

Ⅰ. TU241.5

中国国家版本馆 CIP 数据核字第 2024Y1S319 号

责任编辑：付 艳 / 责任校对：张小霞
责任印制：徐晓晨 / 封面设计：润一文化

科学出版社出版
北京东黄城根北街 16 号
邮政编码：100717
http://www.sciencep.com
北京建宏印刷有限公司印刷
科学出版社发行 各地新华书店经销
*
2024 年 11 月第 一 版 开本：720 × 1000 1/16
2024 年 11 月第一次印刷 印张：13
字数：220 000

定价：198.00 元

（如有印装质量问题，我社负责调换）

国家社科基金后期资助项目
出版说明

后期资助项目是国家社科基金设立的一类重要项目，旨在鼓励广大社科研究者潜心治学，支持基础研究多出优秀成果。它是经过严格评审，从接近完成的科研成果中遴选立项的。为扩大后期资助项目的影响，更好地推动学术发展，促进成果转化，全国哲学社会科学工作办公室按照“统一设计、统一标识、统一版式、形成系列”的总体要求，组织出版国家社科基金后期资助项目成果。

全国哲学社会科学工作办公室

前　言

四川省甘孜藏族自治州[①]位于我国青藏高原东南缘横断山区地带，面积 14.97 万平方公里，约占四川省总面积的三分之一。甘孜州州域贯穿有连接中国东西部的 317、318 国道，是我国汉藏民族交流、交往、交融的重要区域。甘孜州在历史上也是连通我国西南与西北地区的民族走廊地带，还包含了以格萨尔文化为代表的康巴文化核心区域，其文化与艺术具有很强的开放性和融合性，多元一体的基本特征在中华文化视域中十分明显。

关于藏学研究，19 世纪以来西方学者一直关注于我国西藏地区，其经院式研究特点比较浓厚，区域型研究相对薄弱。20 世纪上半叶，国内外学者对我国青藏高原东南缘横断山区的考察和研究活动增多，尤其是以民国时期任乃强、谢国安、李安宅为代表的国内藏学先驱对康巴社会的研究，为我国藏学重要分支“康巴学”的发展奠定了坚实的基础。20 世纪 90 年代以来，藏学研究向多学科交叉和边缘性探索推进，特别是文化人类学的参与，促使藏学研究从对历史、政治和宗教的聚焦，转向对藏族文化现实状态的关注。随着国内“康巴学”的繁荣发展，“藏羌彝走廊”“茶马古道”“康巴历史与文化”等领域的研究取得了丰硕成果，康巴地区多样性的文化形态逐渐受世人瞩目。

生活在横断山区的甘孜州藏族人民，在长期的历史发展进程中不仅适应了当地严酷的自然环境，还充分发挥了集体的智慧与创造力，积淀了丰富多彩的文化艺术形态。其中，藏式民居造型独特、色彩艳丽，其或聚落连片，或零星点缀于延绵的群山之间，风格自成体系，成为甘孜州广阔大地上最引人注目的人文景观之一，曾被外界誉为“康藏大地上凝固的音乐”。在这些建筑中，装饰发挥着极大的能动作用。从装饰活动本身的行为动机、技艺

---

① 四川省甘孜藏族自治州在本书中简称甘孜州或甘孜。如无特殊说明，甘孜在本书中不特指甘孜州下属的甘孜县，而是指甘孜州。

媒介，到装饰呈现的视觉形式、内容意义、风格特征，以及居住者的审美体验等，都高度凸显了传统藏式民居所承载的艺术表现特性和精神文化属性。在视觉艺术领域，对装饰价值的争论一直是美术与设计界持续关注的热点。一些人讴歌和复古装饰，一些人则忽视或摒弃装饰。特别是工业革命之后，在现代主义艺术审美思潮的影响下，“简洁”“抽象”“几何化”“功能性”等词成了评价一切现代社会产品是否具有美感的代名词。一大部分依赖传统手工艺存在的民间装饰艺术在现代社会几乎没有生存的空间，装饰变成了可有可无的纯粹形式。然而，聚焦甘孜藏式民居，无论是在本土居住者还是外来者的眼中，装饰都凸显着重要性。形态、色彩、结构、肌质是装饰的主要内容和表现媒介，营造、绘画、雕刻、陈列是装饰的主要方法和手段，这些要素共同构建了藏族人民生活空间重要的视觉语言与文化符号。人们赞叹其繁华，感受其精美，尝试去理解其传递的视觉信息与内在意义。这不仅是美化生活的需要，而且是心灵体验和精神交流的需要。在这里，装饰成为一种带有主动性、必然性的生活方式的选择。

本书共分为七章。第一章为甘孜藏式民居地理人文概述，旨在从特定区域的现象中引出对装饰艺术的研究。第二章和第三章，是关于藏式民居装饰艺术的本体研究，两章以不同的视角分别对装饰艺术的形式与内容的重要本质特征作了论述。其中，第二章着重对装饰艺术的形式语言作系统分析，第三章重在对装饰艺术的内容要义作由浅及深的解读。第四章和第五章立足于审美主体，从审美体验角度对人与视觉艺术之间的关系开展渐进式分析。其中，第四章重在研究装饰艺术作用于居住者的视觉感知和情感建构，第五章侧重于对民居风格现象的审美认知与比较判断。第六章是针对甘孜藏式民居装饰艺术的当代价值研究，主要通过田野考察分析传统藏式民居在当下的生存状态，思索其价值与未来发展。第七章总结研究认识和启示，多视角分析有利于构建理解研究对象的立体维度，说明从民居装饰切入对藏族文化艺术的进一步了解具有可行性。

本书从阐述甘孜独特的地理人文环境，到对藏式民居装饰艺术作具体的、一般性的分析，再回到对甘孜藏式民居区域现象作风格比较和价值考察，反映了康巴文化与藏族文化之间部分与整体、特殊性与普遍性的关系。在具体研究中，本书主要立足于艺术学，同时借鉴民族学、文化人类学、图像学、符号学等理论与研究方法，使文献与田野交织、归纳与演绎并重、认知与体验同行。通过多种方法的综合运用，本书旨在探索一种多维度的研究视野，以求更全面、客观地认识研究对象。

本书的意义主要体现于两方面：一是展现甘孜藏式民居因装饰而存在的独特艺术魅力，反映康巴文化艺术的多样性，促进各族人民对不同文化的理解、欣赏和尊重。正如我国著名社会学家费孝通先生提出的“各美其美，美人之美，美美与共，天下大同”的文化和谐共生理念。在现代全球化与多元化共存的语境中，从文化参与性和文化互为主体性的视角出发，我们可以更加主动地思考康巴文化艺术在民族和谐关系史上的能动性和自为性，及其对文化融合共生的建构作用。二是发掘中华优秀文化遗产的区域资源价值。本书以装饰艺术为切入点，充分挖掘和认识甘孜藏式民居的多重价值，以为其未来的有效保护、转化利用和可持续发展做一些学术性的铺垫工作。在我国推进“一带一路”倡议和全面实施乡村振兴、振兴中国传统工艺等战略，以及推进藏羌彝文化产业发展、甘孜州全域旅游等的背景下，充分发掘地方文旅资源价值，对保护好民族乡村特色风貌、助力当地社会经济发展具有积极而特殊的意义。

目　录

第一章　甘孜藏式民居地理人文概述

“民居”一词本意是指居民的住宅建筑形式。广义上，“藏式民居”指藏族群众居住的传统建筑，包含了藏族聚居区内农区的石木定居建筑、林区的坡形板屋和牧区以帐篷为主的移动住宅。本书重在对装饰艺术进行分析，而板屋和帐篷对装饰的采用与表现远不及农区的定居建筑，因此本书将甘孜州农区的定居建筑作为主要研究对象。这些建筑通常被建在高山峡谷两岸或阔谷平坝中，是藏式居住房舍的典型代表，在本书中多被简称为“甘孜藏式民居”。在某些具体或更宽泛的研究语境中，它们又可能被称为“藏式民居”或“藏房”等。

第一节　横断山区的农居条件

在青藏高原东南缘与四川盆地西北缘之间，由于远古时期第三纪的造山运动，地壳板块之间的碰撞、挤压和抬升等活动形成了著名的褶皱山系——横断山脉。这一区域的地壳厚度由西向东突减，形成了地形急降地带，使得高原上的河川沿断裂带下切侵蚀成峡谷，从而构成了切割高原特有的高山峡谷与河流并行相间的地貌特征。横断山脉是一系列南北走向的山脉的总称，包括伯舒拉岭-高黎贡山、他念他翁山-怒山等七列山脉，山势基本呈南北走向。此区域的河流，如怒江、澜沧江、金沙江、雅砻江、大渡河、岷江，自北向南奔腾而过，形成了诸多以江水为路径的天然河谷通道。

甘孜州域内地貌形势上包含金沙江、雅砻江和大渡河三大流域与所夹隔的大雪山和沙鲁里山，地形总体为北高南低、西高东低，整体从西北向东南倾斜。在离干流最远的地方呈现高原和丘状高原地貌，主要包括石渠、色达、甘孜、道孚、炉霍 5 个县；而干流或其主要支流流经的地方形成高山峡谷，主要包括德格、白玉、新龙、丹巴、雅江、康定、泸定、九龙、乡城、得荣 10

个县（市）；两者之间为过渡型山原地貌，即高原阔谷地区，主要包括理塘、巴塘、稻城3个县。

横断山区在地质构造上属于青藏高原的一部分，其海拔在4000米以上的大部分雪岭和草原地区，气候低寒且雹灾频繁，不适宜耕作，但众多谷地受南来暖气流的影响，使得高原农地仍有农作物可以生长。关于横断山区的农地分布，任乃强先生曾在《西康图经》的“地文篇”中进行过深入研究。他认为，农地主要分布在高原海拔3000米左右的“阔谷”与“峡谷”地带。阔谷为流域的冲积平原，形成面积较大的农地区域，尤以雅砻江流域为多。在甘孜州，主要的阔谷农地有甘孜平原、鲜曲平原和巴曲平原，其中巴曲平原是海拔3000米以下的最大阔谷，500平方公里的区域内能育百谷。峡谷农区（图1-1）则属于“破碎断续之小面积农地”[①]，多位于主干河流的上游与众多支流形成的河谷沿岸地带，甘孜州大多数农区属于此种地形。此外，还有海拔3000米以下的深谷，农地多在两岸断丘之上，一般位于甘孜州南部干流的中游和下游激流深陷之河谷。

任何文明和文化都是特定环境下的产物。达尔文和黑格尔一致认为，太恶劣或太优越的地理条件都不利于人类文明的进化，特别是条件的恶劣有碍于人类的自由运动，无益于人类对精神世界的构筑。按照他们的观点，藏族人民似乎相对难以创造出优秀

图1-1　横断山区的峡谷农区

① 任乃强. 西康图经. 拉萨：西藏古籍出版社，2000：524.

的文明与文化，因为被称作“世界屋脊”的青藏高原及其周边地带空气含氧量少而且相对稀薄，尤其是横断山区的特殊气候，旱雨季分明，紫外线强烈，又常有风雪交加与凛冽寒风，自然灾难频发。然而，千百年来藏族人民在此地繁衍生息，早已适应了恶劣的自然环境。他们不仅形成了自己独特的文化，还将生产、生活都融入了这一环境。藏族人民因地制宜，利用有限的自然条件创造了农耕文明，青稞、小麦、玉米、土豆等都是他们的主要农产品，谷地与高山草甸相结合的自然条件形成这一区域半牧半农的生产方式。在生产生活方式的渐进优化过程中，横断山区的藏族人民选择了长期安守的农居生活，辅以季节性放牧和采摘挖掘山珍的劳作传统。农业耕作是人类生存发展的一大进步，稳定的生活方式更有利于物质文明与精神文化的创造，而用于日常居住的建筑无疑是衣、食、住、行中最重要的物质载体，是自然环境与文明发展、文化创造有机融合的体现。

横断山区的藏族先民们依势建造、就地取材，充分利用当地硬度较高的片石与木材，垒砌构造成宜居的藏式“碉房”。据大渡河流域丹巴中路罕格依遗址的考古资料显示，在新石器时代，当地原住民就掌握了较为成熟的砌石建造技术。《后汉书·南蛮西南夷列传》中记载了东汉时期蜀郡北部汶山郡（今四川省汶川县、茂县等地）有“皆依山居止，累石为室，高者至十余丈，为邛笼”①的石砌建筑，为当时冉駹夷所造。据四川大学石硕教授考证，最早当地人称“邛笼”为“雕”，喻指一种能深入云端的大型飞鸟。而后在唐代文献中，有关于这一区域“雕舍”和“千碉”部落的记载，明代文献开始大量出现“碉房”“碉”“碉楼”的称谓及相关记载。②“碉”和“碉房”的共通性在于其石砌建造技术和下宽上窄的建筑形制，区别在于前者纵深建造，空间窄小且高不易攀，有防御、祭祀、民俗信仰等功能；后者空间宽敞，为人们日常居住的房舍，其主体结构为外部石砌墙体与内部木质“井干式”构架相结合。有学者认为：“碉楼式住宅由来已久，

① 范晔撰，李贤等注. 后汉书. 北京：中华书局，1965：285-287.

② 石硕. 青藏高原“碉房”释义：史籍记载中的“碉房”及与“碉”的区分. 思想战线，2011（3）：110-115.

新石器时代西藏卡若文化遗址中房屋建筑的结构承重方式就有碉房式、擎檐碉房式两种。后来被藏、羌、彝、纳西等族采用。”[①]这些都表明，历史上部族杂居和居住文化交融现象在横断山区一直存在，而“碉房”是藏族先民和当地原住民在长期生活实践中共同创造并传承使用的典型住宅形式。

甘孜藏式民居以石木结合为主，部分为石土木结合，其因多层式的建造结构又被称作“重屋”，其中的“擎檐”或“井干”部分需使用粗壮的优质木材来构架。甘孜州的林区是我国第二大林区——西南林区的重要组成部分。这里阳光充足，树种资源丰富多样，因而木材成为这一区域广泛使用的建筑材料。甘孜州北部炉霍、道孚等地的民居，以径粗圆木为主材的“崩空”式样尤为典型。横断山区处于地震多发地带，以木结构为主体的崩空建筑具有较好的防震功能，其木材也是装饰绘画与雕刻的良好的物质载体。法国社会学家涂尔干曾说过：“无论在什么地方，只要社会定居下来，那里帐篷就会被房屋所代替，造型艺术就会更加充分地发展，图腾就会被镌刻在木制品上和墙上。”[②]正是因为木材被普遍用作建筑材料，甘孜藏式民居装饰艺术才具有了丰富的视觉表现力和厚重的精神文化表现功能，成为与横断山区民居建筑相生相伴的必然产物。也正因为藏族人民充分发挥了装饰的能动作用，“碉房”进一步发展成为具有浓郁文化属性的“藏房”。

第二节 甘孜民居的康巴内涵

横断山区的农地分布决定了农居地点的选择。相对于我国其他涉藏地区，这里更容易形成定居聚落。这里的藏族人民自古好靠山顺水择居，于是大大小小的碉房按耕作地的分布依山傍水而建，形成了相对稳定的农区居住方式。这些农区又往往以峡谷村寨为聚居点，以河流和交通要道为连线，形成星罗棋布的定居格局。纵览甘孜藏式民居，式样各不相同，但整体上又呈现出一种

① 管彦波. 西南民族住宅的类型与建筑结构. 中南民族学院学报（人文社会科学版），1999（3）：54-58.

② 爱弥尔·涂尔干. 宗教生活的基本形式. 渠东，汲喆，译. 上海：上海人民出版社，2006：106.

大体相似的风貌，形成了多元一体的基本特色。它们聚散有致地坐落在浑厚的山脉峡谷之间，与气势宏伟的寺庙建筑遥相呼应，成为横断山区乡村田园最亮丽、最显性的文化形式。在藏族民间，流传着这样一种说法：卫藏的宫殿，安多的帐篷，康巴的民居。[①]这句话不仅概括了我国涉藏地区建筑风格总体呈现的区域性特征，同时也凸显了甘孜藏式民居所属的“康巴”人文内涵的独特魅力。

（一）康巴

“康巴”这一称谓，是沿历史发展而逐渐形成的。它最早源于藏语发音“康”或“喀木”（Khams），含有“大地”“躯干”“种子”等多种意思。在根敦群培所著的《白史》中有解释：“所言‘康’者，系指边地而言。如边地小国，名为‘康吉贾陈’。”[②]这是以卫藏为中心对周边地区的认识，特指青藏高原东南缘夏贡拉山以东一带，因其地处高原的低地和河流的下游而被看作边地。由于各个时期这一区域的行政区划界限有所不同，历史上对“康”的范围并无明确的界定。任乃强先生在《西康图经》中记述：“鲁共拉以东为康，谓广远也。是故康之西界有定，东南界无定。”[③]历史上一直都以昌都为“康”的西界，东部划定不一，但整个范围仍有大致重合的地方。

吐蕃统治时期，随着政治和文化的统一，藏民族逐渐形成，其疆域除了卫藏地区外，还包括西部象雄（今阿里）和东部横断山区的广大地区，即《贤者喜宴》所提及的吐蕃基本格局——“上阿里三围，中卫藏四茹，下朵康六岗”[④]。据《安多政教史》记载，其中的“朵康六岗”有色莫岗、擦瓦岗、玛扎岗、木雅热岗、玛康岗和潘波岗。[⑤]“岗”指两水之间的坡地。依据横

① “卫藏”“安多”“康巴”为我国涉藏地区历史形成的三大人文区域概念，而非行政区划名称。

② 转引自：任新建. 论康藏的历史关系. 中国藏学，2004（4）：84-91.

③ 任乃强. 西康图经. 拉萨：西藏古籍出版社，2000：49-50.

④ 转引自：石硕. 关于“康巴学”概念的提出及相关问题：兼论康巴文化的特点、内涵与研究价值. 西藏研究，2006（3）：91-96.

⑤ 转引自：杨嘉铭. 康巴文化综述. 西华大学学报(哲学社会科学版)，2008（4）：9-16.

断山区山川地貌“两水夹一岗”和“两岗夹一水”的基本特征，这一区域又被藏族人称为“四水六岗”，而六岗主要指分布在怒江、澜沧江、金沙江和雅砻江这四大流域之间的地带。各岗的地理范围史无明载，藏学家格勒曾根据调查得出与现今行政区划大致的对应概况：色莫岗在金沙江上游和雅砻江上游之间，包括青海的玉树州，四川的甘孜、新龙、石渠、德格、白玉等县；擦瓦岗在怒江和澜沧江之间，包括西藏的八宿、左贡等县；玛康岗指澜沧江与金沙江之间以西藏芒康县为中心的广大地区；玛扎岗指黄河以南、大渡河以西、雅砻江上游以东的，以甘孜州色达县为中心的广大牧区；木雅热岗指以甘孜州康定市为中心的广大地区，包括雅砻江中下游以东，雅安青衣江、越西河以西，大渡河上游以东的地带；潘波岗则指金沙江和雅砻江中间的南部地带，包括甘孜州的巴塘、理塘、乡城、稻城和凉山州的木里、云南的中甸等县。[①]从“六岗”可以看出，早期的“康”主要在四水流域范围，吐蕃极盛时期曾扩展至现今岷江流域的松潘县、平武县等地。

吐蕃王朝后至近代，由于地理阻隔、政治格局、原生文化差异等因素，我国涉藏地区逐渐形成了卫藏、康和安多三大方言区，以上“六岗”所指大致是康方言所覆盖的地区。西藏自古以来是中国的一部分，中央政府自元朝开始对西藏正式实施行政管辖。民国时设西康省，其辖区与现今历史学家界定的“康巴地区”[②]范围基本一致。而“甘孜州”与“康巴地区”的关系，为中心区域与所在范围的关系。

（二）康巴人

“巴”在藏语中是指“人”的意思。“康巴”意即生活在康地的人。据四川稻城皮洛遗址考古发现，人类至迟在 20 万年以前就

---

① 格勒. 藏族早期历史与文化. 北京：商务印书馆，2006：25.

② 康巴地区“大体而言是指鲁共拉山以东、大渡河以西、巴颜喀拉山以南、高黎贡山以北的广大地区。从行政区划上则包括了今四川省甘孜藏族自治州全部、阿坝藏族羌族自治州一部分，凉山彝族自治州一部分以及西藏自治区昌都地区、青海省玉树藏族自州、云南省迪庆藏族自治州”（石硕. 关于“康巴学”概念的提出及相关问题：兼论康巴文化的特点、内涵与研究价值. 西藏研究，2006（3）：91-96）。

登上了青藏高原东缘。[①]从金沙江、雅砻江、大渡河流域沿岸先后发现的原始社会石器遗存来看，3500年前就有先民在横断山区生活。据20世纪80年代初第二次全国文物普查，今康定、丹巴、道孚、炉霍、甘孜、白玉、新龙、巴塘、乡城、稻城、九龙等县都发现有大量的古老石棺墓葬，为春秋战国时期先民的重要遗存，因而考古学家推论这里曾经也是华北氐羌民族由北向南顺河流迁徙而居的地带，自古以来是一个多民族杂居的地区。《史记·西南夷列传》《汉书·西南夷传》《后汉书·南蛮西南夷列传》《后汉书·西羌列传》《三国志》等古籍中均有该区域族群发展史的相关记载。文献表明，在先秦至西汉时期，横断山区大概有蜀、羌、夷、青衣、邛、冉、筰、徙、白马、昆明、牦牛、楼薄、白兰等族群在此活动。到了东晋，又增加了摩沙夷、叟、僚、乌蛮、白蛮、吐蕃、党项、东女、附国、罗女、邓至、宕昌、多弥等大大小小难以计数之族群。至7世纪，吐蕃的势力扩张，在政治上统一了这片区域。由于遣戍之军长期驻守在当地，加之吐蕃政权推行全民信仰藏传佛教，使原来居住在峡谷地带的许多土著和氐羌族，进一步从血缘和文化上逐渐融入藏族，并在其内部形成了嘉绒、木雅、霍尔、白岭等部落族群的分支。我国藏学家格勒教授曾对甘孜州德格、白玉、新龙、色达四县的藏族共计400多人进行了体质测量，认为“藏族的体质特征确实存在我国南北两种体质类型的混合型特征”[②]。

自元代实行土司制度以后，康巴地区长期受土司管辖，至清代，朝廷在甘孜州境内共授大小土司122员，形成了众多的族群细部。在雍正时期，清政府在西南边陲实施“改土归流”政策，各藏族细部再次融合，至民国时期如任乃强先生在《西康图经》所列共有24部，对应今甘孜州境内较大的有嘉绒、俄洛、霍尔、卡拉、理塘、巴塘、雅龙、德格等细部，其余则在昌都、玉树、迪庆地区。随着历史的发展，这些藏族细部又与汉族、蒙古族、回族、彝族等进一步交流交往交融，在我国逐渐构建了以藏族为

① 距今超20万年皮洛遗址刷新人类登上青藏高原东缘时间. 2024-08-16. https://news.cctv.com/2024/08/16/ARTI04DfeYoxgVoZplo38v85240816.shtml.

② 格勒. 藏族早期历史与文化. 北京：商务印书馆，2006：50.

主体、具有多民族混合特性的“康巴人”这一区域族群内涵。甘孜州作为康巴地区的核心区域，以康定为州府，下辖 17 个县；常住人口 110.74 万人，其中藏族人口占 78.97%[①]，主要聚居在道孚、炉霍、甘孜、色达、石渠、德格、白玉、新龙、雅江、理塘、巴塘、乡城、稻城、得荣等县，以及康定折多山以西的营官、塔公、沙德三个区，主要杂居于折多山以东地区的丹巴、九龙和泸定三县。在这一区域内生活的藏族人，对自己同时身为“康巴人”的称谓早已经认可。

（三）康巴文化

近年来，随着国内外藏学研究界对“康巴学”的关注，“康巴”一词衍生出来的“康巴地区”“康巴人”“康巴文化”等相关概念逐渐被广泛应用。从早期的“边地”含义发展至特定的区域、族群和人文特色的称谓，“康巴”及其相关衍生概念的内涵已约定俗成，并充分体现了其地理单元的特殊性、行政管理的区域化、历史发展的一致性、文化的共通性与多样性、宗教民俗的统一性等特点。康巴地区虽属涉藏地区，但紧邻汉地，很早以来就与汉区有着政治、经济和文化上的紧密联系。除了其主要区域的行政区划与管理归属外，康巴地区还在历史上长期作为“茶马互市”的枢纽地带，促进了汉地文化与藏地文化的交流交融，进而对整个藏族地区社会生活形态产生影响，包括其民居装饰文化。在清代的《西藏志》中曾记载了当时拉萨民居的装饰情况：“凡稍大房屋，中堂必雕刻彩画，装饰堂外，壁上必绘一寿星图像。凡乡居之民，多傍山坡而住。”[②]这一记述说明了清代在藏族地区就普遍存在民居雕刻彩绘装饰的习俗，且其装饰内容深受汉文化题材的影响。位于汉藏之间的康巴地区，其民居装饰艺术也必然深受汉藏文化的双重影响。

近年来，随着现代社会的快速发展，甘孜州全面开放并展现在世界面前，其颇具视觉冲击力的藏式民居特色景观逐渐受到世人关注。《中国国家地理》曾几度以甘孜藏式民居和自然风光为

---

① 甘孜概述. 2024-01-31. https://www.gzz.gov.cn/gzgk/article/70885.

② 西藏农区的居民（上）. 2019-07-08. http://www.zangdiyg.com/article/detail/id/15835.html.

主要考察对象，盛赞这一区域为“建筑符号的走廊”“最美康巴大道”“徘徊于北纬 30 度的横断山区，是中国最美的地方”等，还给四川甘孜、云南滇西、西藏林芝这一大片地区取了个美丽动人的名字——大香格里拉；民族学者从历史发展的角度出发，称这一地区为“茶马古道”“藏羌彝走廊”“川滇藏民族走廊”等；文化人类学者则从本土社会现象的研究出发，称这里为“母系文化”“石室文化”“牦牛文化”“猪膘文化”“本巫文化”等多种特色文化形态的重合地带[①]。这些称谓从不同视角反映出康巴文化的丰富内涵，而装饰艺术作为民居建筑上的视觉文化符号体系，在构建康巴地区多样而统一的人文景观中发挥着重要作用。从外观形式来说，以主体山脉或主干流域作为大致分界，不同峡谷地区的甘孜藏式民居的造型和色彩呈现出不同风貌。一般而言，民居越聚集其风貌越统一，空间距离越远差异就越大，但有些坐落于同一峡谷河流两岸的村落也会呈现不同的民居风貌。这种因装饰的主体作用而形成的外观风貌多样化（图 1-2），使得甘孜藏式民居宛如中国最美景观大道上的多彩琴键，在广袤乡村的谷地田园、山林湖河之间奏响最美强音。

无论在甘孜州的哪个区域，尽管藏式民居的建筑形态各不相同，外观表现形式也存在多样化，但其内部装饰在风格上呈现趋同性。毋庸置疑，在文化艺术形态异彩纷呈的康巴地区，这种趋同性通过艺术表达和功能作用的发挥，暗示其文化属性有着内在“质”的统一。概括而言，每一户藏式民居的装饰至少在四个方面体现出趋同性：一是民居建筑的木质构造空间是装饰艺术的主要表现空间；二是装饰活动的基本目的是美化生活空间并满足日常的信仰需求；三是彩绘与木雕作为装饰的主要表现手法被广泛应用；四是装饰内容和风格与藏传佛教的装饰艺术一脉相承，同时吸纳了汉式装饰艺术的特点，普遍体现着吉祥美好、幸福安宁、驱灾辟邪的寓意（图 1-3—图 1-5）。

“多样”即差异性，“统一”即共性或趋同性。任何事物在发展过程中如果只有多样性或只有统一性，最终都会走向失衡状态。可见，多样性与统一性是一对彼此对立而又互相依存的要素，它

---

① 李星星. 李星星论藏彝走廊. 北京：民族出版社，2008：27-52.

们构成了自然界中万物关系的平衡条件，也是事物良性发展的基本法则。甘孜藏式民居所展现的多元一体风貌，正是康巴地区文化生态和谐性的生动体现。

图 1-2 甘孜藏式民居风貌

图 1-3　厨房

图 1-4　经堂

图 1-5　起居室

第三节 藏房形制与修建营造

在整个甘孜州，传统藏式民居以内部装饰作为文化表达的核心方式，以外观的多样化展现区域特色，共同构筑了最为生动直观的展现当地康巴文化特色的载体。

一、基本形制

根据其形制，藏式民居可分为平顶碉房和高碉藏房两类。平顶碉房为居住用房，为甘孜藏式民居的普遍形制，外具碉的雏形，内含独特的“崩空”构架；高碉藏房由高碉和平顶碉房两部分组成，除了居住，还兼具防御功能，这一形制在甘孜州丹巴县一带曾颇为盛行。

（一）平顶碉房

《旧唐书•吐蕃传》中称逻些城（今拉萨）“屋皆平头，高至数十尺”。又据清代《西藏志》记载：“自炉至前后藏各处，房皆平顶，砌石为之，上覆以土石，名曰碉房，有二三层至六七层者。”[①]“炉”即现今的康定。可见，平顶碉房是整个藏族地区民居建筑的基本形制。因普遍采用砌石建造方法，且墙体造型下大上小，甘孜藏式民居都属于历史文献所称的碉房，且具有多层建造的碉楼式住宅特征。平顶碉房一般体量较大，在布局上常为独栋式建筑，横向展开成一字形，或多个朝向组合成L形或敞口形，再加上门廊、院墙和附属建筑等，大多数住宅皆围合成相对独立的方形或长方形院落。平顶碉房墙体厚重，底部可厚达一米，向上逐渐收分变薄。内部以木材构筑梁柱、屋顶、楼层和内墙，既坚固、保暖又减少重量，且利于装饰。平顶碉房以二至四层构造最为常见，少数多达五六层，每层间或有退台设计。平顶碉房窗户普遍较小，有利于御寒保暖，也有遮光避邪之意，但也因此限制了建筑的采光。平整的屋顶一般四角建有山形“拉吾则”造型，其上设孔插风马旗。有些顶层垒砌有半人高的女儿墙垛，墙

① 转引自：西藏农区的居民（上）. 2019-07-08. http://www.zangdiyg.com/article/detail/id/15835.html.

上专门建造用于煨桑的“松科”，以祭天地诸神、祈福之用。通常情况下，传统藏式民居第一层为牲畜饲养区，第二层为生活区，第三层为经堂，第四层为屋顶晒坝和储物间（图 1-6）。部分楼层较少的民居，会将经堂设置在生活区楼层并加以分隔。有些楼层较多的民居，会在经堂旁配置活佛、喇嘛的卧室，以供他们在家庭重大仪式期间居住并专心法事。藏族传统民居的功能分区，印证了历史文献所描述的早期碉房“货藏其上，人居其中，畜圈其下”的基本式样，而经堂的增设，正是民居在发展演化过程中融入宗教信仰功能的具体表现。

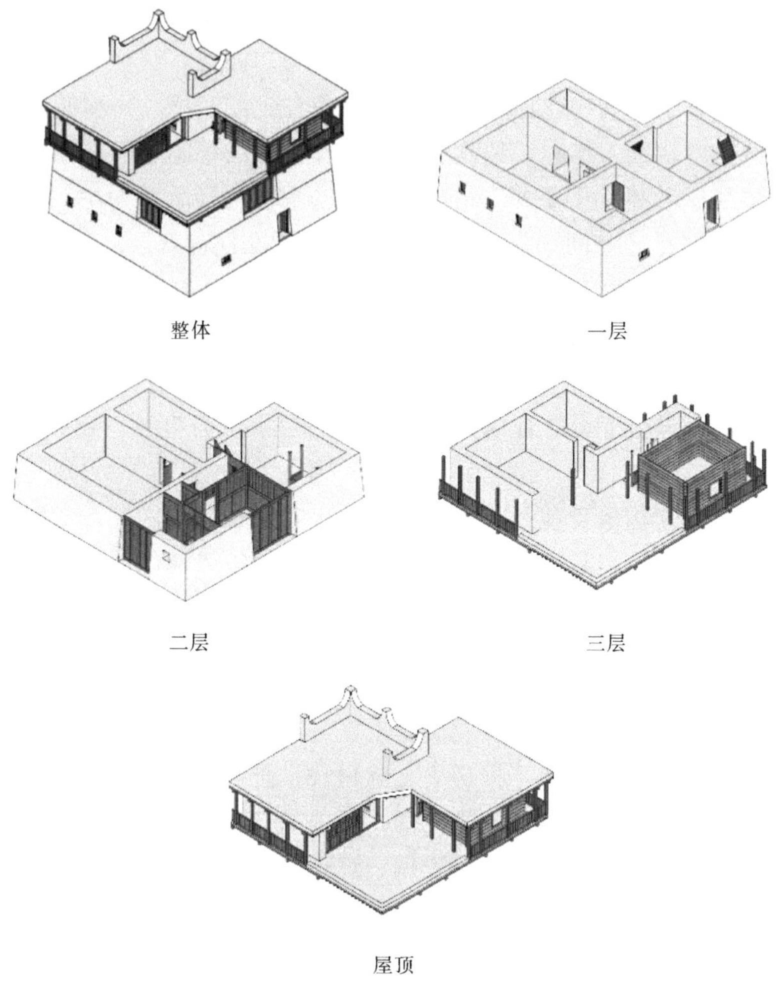

图 1-6 平顶碉房的基本形制

（二）崩空架构

崩空是平顶碉房中的独特架构，为甘孜藏式民居的典型特色。它主要指以木材构筑承重墙体或搭建内在结构的式样，属于“井干式”或“擎檐式”建筑范畴。

从建筑承重和结构来看，崩空的形制有两种类型。一种是在土石墙体承重基础之上的局部木构空间，这种类型在甘孜州各地都十分常见。人们在土木结构或石木结构墙体之上的生活区楼层位置，架设一间或多间崩空式木质建筑。这样做不仅增加了建筑空间，降低了墙体承重，还丰富了民居建筑的外观层次感，为厚重的藏房造型增添了轻盈感。崩空建筑体往往与退台相连，门窗开于向阳面，提升了居室空间的舒适性与功能性。这种崩空一般承重量较小，其构建原理是在屋内的角柱上挖凹槽，再将圆木或半圆木两端插入槽内，依次层层横叠并围合成稳固的四方墙体。

另一种盛行于炉霍、道孚一带，以木柱网格承重为主。其方法是根据建造空间规划，搭建粗壮的支撑立柱；每层木柱分位，形成纵横间距相等的方格，呈棋盘状排列；上下层柱位相对，形成以梁柱承重的方格柱网，而后以土石或木材逐步围合外部墙体。因为需要木柱作为建筑的主体承重结构，所以使用的网格立柱圆木都较为粗壮，且内外搭建墙体的圆木均需粗细一致、形状挺直。

崩空架构本身就是甘孜州藏族人民对抗横断山区地震频发情况的智慧创造，具有较强的牵韧性，若遇地震“墙倒屋不塌”，形象地展现了这种木结构相较于土石结构的优越性。

（三）高碉藏房

在甘孜州的民间建筑发展史上，各地都曾建造过高碉，丹巴的古碉更是气势壮观。据历史文献记载，丹巴的高碉曾多达数千座，因而自古便享有“千碉之国”的美誉。目前，丹巴现存的古碉有 560 余座，主要分为要隘碉、烽火碉、寨碉、家碉、界碉五种类型。其中，保存最好、分布最集中的当属梭坡乡古雕，错落有致地林立着 170 余座高碉，蔚为壮观。这些高碉中，四角碉、六角碉、八角碉等造型各具特色，堪称“古碉建筑群的活化石”。

以石砌建造墙体的被称为“石碉”，以夯土建造墙体的被称为“土碉”。高碉从最初的单体建筑发展到碉与房结合，其功能也从早期的祭祀、防御扩展到象征家族兴盛永固的寓意。这种古老的建筑形式，充分展现了藏族人民高超的营造技艺与智慧栖居的理念。以丹巴莫洛村格鲁翁都家的高碉为例（图 1-7），该碉通体以石砌为主，辅以木结构。高耸的四角碉共筑有 18 层，四壁辟小窗（射孔），与旁侧四层的平顶碉房组合为一体，内部有连接

图 1-7　碉房及碉的入口

通道。此类式样被统称作“家碉”，为高碉藏房的典型形制。据传，这座高碉已有800年以上的历史，当时主要是为防御战事、盗匪或仇家械斗而建造。一旦有战事或冲突发生，家人便可躲避在碉内，外敌很难攻入。目前，这座高碉内部仅作家庭物资储藏之用。

要隘碉、烽火碉、界碉三类一般都建造于悬崖峭壁之上，易守难攻，具有封锁要道、传递信息、边界关卡的作用。历史上，乾隆皇帝耗费了5年时间、数万兵力及7000余万银两才将两金川平定，即与高碉具有极强的战事防御功能有关。通常被认作是“寨碉”的建筑，在一个村寨中只有一座。寨碉占据特殊地理位置独立建造，为聚落族群的象征。寨碉一般附建有大小不一的广场，供村民在隆重节日时集体活动所用，从而成为发挥民俗文化功能的空间场所。目前，这些高碉已成为一种传统建筑式样的历史遗存，各地都不再修建新的高碉，甘孜藏式民居仍以平顶碉房为普遍形式。

此外，甘孜还存有一种土司官寨建筑。这种官宅结合的建筑形式，自元代起始一直延续至新中国成立前夕，成为数百年土司制度的见证。绝大多数土司官寨代表着彼时当地民居建筑的最高水平，但由于制度的废弃和时间的侵蚀，目前仅有少数土司官寨遗存下来，如丹巴的巴底土司官寨。巴底土司官寨的最大特点是以三座并排相连、呈“山”形的高碉作为标志性建筑，与宅楼和经堂巧妙地组合成院落式碉房建筑群。在建筑群中，左侧是一栋七层平顶藏房，内部设有客厅、官堂、经堂、茶房、起居室等功能区；右侧则建有一座平层独栋经堂，并设有侧门通道，供全寨村民入内礼佛转经。整个官寨建筑群的屋顶檐角高耸，其碉和房的建造方式与当地民居藏房保持一致。

二、修建营造

在住宅建造方面，甘孜州藏族群众凭借长期实践积累的经验与知识，展现了当地老百姓的生存智慧，其中包含人与自然的和谐关系，家庭之间的友邻关系，以及人们战胜自然灾害和抵御社会风险的能力。

（一）选址营造

各民居选址因地制宜，充分考虑了地形优势、建造便利及材料获取。例如，峡谷地区的民居错落分布在山腹段丘之上，阔谷地带的民居则修建在河坝周边；森林植被较好的地方建筑以木结构为主、土石为辅，易于开采石材的地方建筑以石砌为主、土木为辅。选址还综合考虑了生产用地、放牧种植、避灾防难、生活宜居等因素，基本为独门独户而又与邻不远。具体建造一般选择在山腰或河岸的向阳背风处，房屋门窗的开口大都朝南或东南，以避风沙、充分采光、开阔视野、保持室内温暖等（图 1-8）。由于择居选址的共性认识和客观条件，聚落村寨在空间格局上往往形成依山傍水、高低错落、层层叠叠、富于秩序感的民居群落景观（图 1-9）。

每户计划修建新居的家庭，一旦选址确定，即按照打基、砌墙、木构、封顶四大主要步骤进行房屋的建造。打基即修建地基。遵循就地取材的原则，依照当地便于开采的自然资源确定构筑屋基的基本材料。横断山区盛产石材，当地块石和片石质地坚硬且相对易开采，是建造屋基的天然好材料。藏式建筑因墙体厚重，对地基的压强较大，因而地基修建以承重和牢固为基本标准。建

图 1-8　民居选址（靠山、向阳）

图 1-9 民居群落（丹巴县甲居藏寨）

造时，尽量选择和开凿一批体量均匀的大块石，在摆放时须注意上下叠压与错位交合，缝隙之间以小片石和黏土填充，以求满泥满衔，增加地基的整体性。若当地盛产优质黏土，且取材便利，则修建土石结合的地基，往上再采用土夯筑法，如乡城、得荣一带的民居即是。而在经历过大地震的炉霍一带，崩空民居则先搭建大型圆木入地强基，而后围合构筑土石墙体。

砌墙指砌筑墙体。藏族人民在实践中熟练掌握了一整套垒砌和夯筑墙体的技术。无论采用片石垒砌墙体还是黏土板夯墙体，均随着高度的增加逐次收分，使外墙体呈内倾感，内墙体则保持与地面垂直，科学地降低了墙体的重心，获得结构的稳定性。尤其是砌石技术，被建筑界和学术界称为“叠石奇技”。任乃强先生在《西康图经》“民俗篇”中记载：“康番各种工业，皆无足观，惟砌乱石墙之工作独巧。‘蛮寨子’高数丈，厚数尺之碉墙，什九皆用乱石砌成。此等乱石，即通常山坡之破石乱砾，大小方圆，并无定式。有专门砌墙之番，不用斧凿锤钻，但凭双手一筐，将此等乱石，集取一处，随意砌叠，大小长短，各得其宜；其缝隙用土泥调水填糊，太空处支以小石；不引绳墨，能使圆如规，方如矩，直如矢，垂直地表，不稍倾畸。”[①]此描述充分展现了

① 任乃强. 西康图经. 拉萨：西藏古籍出版社，2000：252-254.

当地砌墙工匠的高超技艺，而其中的反手砌墙技术，更是藏房营造过程中独特的技中之技。夯筑墙体的基本做法是：在墙基两侧等距插上圆木杆，依木杆架设木制的内外模板，使内模板与地面垂直，外模板按照墙体收分要求而略倾斜。待模板固定后，往内输送土料，再用木制工具进行夯筑（图 1-10）。无论石砌还是土夯构造，建筑墙体的转角衔接技术都是决定建筑质量是否稳固的关键。

图 1-10　夯筑墙体

木构指木作构造。一般在新居修建前，户主会计算并储备相应数量的木材，包括粗细不一的各种承重木、隔墙木、地板木等。在墙体内木柱网格崩空架构基础上，依次架设横梁、檩条、短斗、长斗、木地板、内隔墙、门窗、木楼梯等部件。各部件以榫卯结构为主，形成民居建筑的大木作构造。内部木构（图 1-11）与石砌墙体作用分明。楼板和屋顶重量由木构架承担，木内墙起分割室内空间的作用；土石外墙不作内部承重，起遮挡风雨、抗寒隔热和安全防御的作用。这种石木结构赋予了民居建筑极强的坚固性和内部空间构造的灵活性。

图 1-11　内部木构

封顶指搭建屋顶。木作构造完成后，在梁上错接擦木，再在擦木上平铺小木棍或是劈开的柴花，接着再铺上一层小木枝丫或青稞麦秆，最后覆以黏土混合物（阿嘎土）。层层交叉叠建、压实后，再用特制工具反复夯打、提浆、磨光，这种屋顶做法被称为“打阿嘎”[①]。以此法制作的藏房屋顶具有隔热、隔音、防晒、防雨水的功效，且十分坚固耐用，同时兼有晒坝功能。每年春夏之交、雨季来临之时，均要对屋顶进行一次维护，主要解决裂纹和土层翻砂现象，防止雨水渗漏。为便于上楼，通常会在楼层退台处搭建独木楼梯直通屋顶。楼层地面和顶层的做法大体一致，只需增加木地板铺设工序即可。建好的土木楼层厚度约 30 厘米，屋顶则会更厚，以便在寒冷的藏地为整栋房舍提供足够的保暖御寒作用。

（二）建房民俗

建房对每个家庭来说都是共同的大事情，在整个建房过程中有许多礼俗和仪式，每个环节都非常重要。

---

① “打阿嘎”被称为“西藏传统工地上的舞蹈”，是一种藏族屋顶或是屋内地面的修筑方法。

在选址环节，主家希望新居建造在“风水宝地”之上，因而要请寺庙的大喇嘛进行打卦卜算，以确定理想的建房地点、坐落朝向、破土动工的日子及适合破土之人。

施工当天，住宅主家在工地上朝吉祥方向摆上象征生命轮回、因缘和合的吉祥图“斯巴霍”（生死轮回图）和盛满五谷的“切玛斗”（五谷斗），祈愿家庭在新居中人畜兴旺，五谷丰登，远离各种灾难。同时，还会邀请喇嘛到工地上做法事，开光土地，以调和人地矛盾，完成破土仪式。正式开工之日，喇嘛会被再次请来主持仪式，他们会在四角或地基中心埋下宝瓶。这些宝瓶内通常装有宝石、青稞、五色绸缎、五谷杂粮等，祈求房屋牢固、家庭富裕。在砌墙的过程中，主家还会将自家的一些金银珠宝放入墙体内，以祭天神、镇鬼怪，中兴人宅。

待新房封顶，主家会宴请修房工匠和前来帮忙的村民，向他们献哈达、敬青稞酒，感谢大家的辛勤付出。乡亲们载歌载舞，共同庆贺新居家庭人生大事的如愿完成。

待到乔迁之日，还要举行隆重的引火仪式。主家会从旧灶台中取出火种，到新灶台生火煮第一锅饭，寓意新生活红红火火，粮仓满满。这一天要请喇嘛诵经，向土地神、天神、家神敬献贡品，以求神灵庇佑家人居住平安，免除人畜灾祸，保佑风调雨顺、年年丰收。

整个修建过程虽然仪式较为烦琐，但却反映了藏族家庭对住宅的高度重视，以及尊重大自然，与天地万物和谐共存、休戚与共的生存哲理。

（三）装饰场域

民居修建完毕后，人们通常会选择合适的时间进行装饰。有条件的家庭会在修建房子时同步完成门窗部件的装饰，以避免后期装饰时难度增加。藏式民居木质装饰空间的形成是“大木作”和“小木作”的结合。前者指主体结构的制作，如梁柱、墙体、门窗等；后者主要指室内家具的制作及重点装饰部位的雕凿。装饰艺术附着的空间载体，即是装饰的场域。除了外墙的粉饰，藏房装饰的场域主要集中在木质构造物的表面，包括梁柱、门窗、墙体、檐廊、家具等。这些部件从基础造型到图纹绘制，往往成为民居建筑的视觉焦点，也是装饰文化表达的重要空间场域。

在藏式民居中，梁和柱占据着至高无上的地位，是室内装饰的重中之重。为了使居室空间呈现出庄重、堂皇、华丽的视觉效果，梁柱的装饰显得尤为重要。梁柱主要由横梁、立柱和中间的雀替三部分组成。横梁和立柱是屋顶的承重构件，通常选择粗壮笔直的圆木作柱，厚重平直的木料作梁。多根木柱支撑，多条横梁层叠，共同构成了横空间和竖空间装饰的核心区域。而梁柱之间的雀替部位，又分为长弓和短弓两层，它们是横梁和柱头的力量过渡和结构衔接，其两端灵动延展的曲线有效地修饰了梁柱的直角造型，使其更加优雅柔和。横梁、立柱、雀替三部分构成一个整体，形成了特殊而醒目的装饰部位。

门窗的装饰同样独具特色，主要包括门和窗的檐、楣、过梁、框、套、扇、帘等部位。其中，门檐和窗檐的装饰最为引人注目，多使用两层或两层以上的短椽木层层挑出，形成有序错落的结构。椽木伸出部分略向上倾斜，俗称“飞子木”。一般上层比下层多挑出一截且多两个短椽木，各层之间用木板压盖，有的为二盖二椽，有的为三盖三椽，盖椽间形成的凹凸结构皆为装饰腰部。屋檐也是建筑装饰的重点部位。与寺庙建筑相比较，普通民居较少采用复杂的檐斗拱造型设计，但其挑出椽木的方式与门檐、窗檐相同，只是挑出的尺度更大。

墙面装饰分为外墙和内墙。外墙装饰相对简单，主要以土石墙体外立面和木质外墙表面为载体。内墙装饰空间面积最大，特别是起居室和经堂的四面墙体区域，以及门廊内外墙体、室内过道墙体、上下楼梯转角墙体、灶台前的墙面，都是装饰时不可忽略的重点部位。相比之下，室内屋顶面的装饰则相对简略，因为人们更为关注与人的行为距离最近以及视线所及之处的装饰效果。藏式民居的家具设施丰富多样，除了固定于起居室、经堂、厨房主体墙面的陈列柜、水柜和碗柜等，还有藏式茶桌、藏床、供桌、坐凳等可移动家具及各类日常生活用具。这些家具和用具的表面，都是施以精美装饰的重要部位。

以上所列各部件，在每一户民居中都有不同程度的装饰表现。甘孜藏式民居的建筑体量一般较大，因此装饰区域的空间面积也相对开阔。建筑表面被各种装饰部件和装饰图纹所覆盖，构建了一个繁复而系统的室内外装饰空间场域。其中，起居室的装饰空间最为开阔，视觉冲击力也最强；经堂的装饰手法则最为丰富多样，格调最为庄严肃穆，各类装饰品最为华贵奢侈。

众所周知，美化是装饰的基本目的。甘孜藏式民居也不例外，所有的装饰都是为居住者的生活空间增添美感，赋予其视觉上的愉悦感，满足其对美的追求。如果说装饰只是为了美，那么对装饰内容的选择，抑或对装饰是否必要的选择，则是一种自由。也就是说，不同的家庭可以选择不同的装饰内容，也可以选择不进行任何装饰。事实上，几乎所有的甘孜藏式民居都会进行不同程度的装饰，且装饰图纹从形式、内容到整体风格都体现出高度的趋同性，这说明装饰承担了比美化更为重要的任务：它满足了所有居住者的某种共同需要，即共同的文化表达和身心体验。正是这种意义决定了其审美选择的一致性，也决定了装饰现象和风格存在的必然性。

小　结

对任何文化形式而言，其地理环境和自然条件是孕育该文化的摇篮。甘孜州山川峡谷相间的特殊地形，造就了稳定的农居生活，也孕育了独特的民居建筑文化。建筑满足居住者的生存生活功能，是构建家庭这一社会最小单元的重要介质。无论民居装饰艺术的价值和意义如何，它都必须依附建筑载体而存在。

受地形地貌的复杂性和文化性质的影响，甘孜藏式民居形成了“隔山不同样”“家家同装饰”的基本面貌。装饰艺术对民居风貌的塑造起到了决定性作用。从某种程度来说，外观艺术风格的多样化，充分体现了康巴地区不同于其他涉藏地区的文化特殊性；而内在装饰风格的高度统一，则更多地反映了藏族文化的共性特征。正是二者的同时存在、有机结合，才形成了甘孜藏式民居装饰的总体风貌，进而构建了康巴民居的整体特色与独特魅力。

就甘孜藏式民居的装饰艺术而言，尽管存在地域上的差异性，但其共性特征明显大于差异性特征。以下各章将重点从共性特征的视角切入，对甘孜藏式民居装饰艺术进行深入研究。

第二章　藏式民居装饰艺术的表现形式

《说文解字》认为“装，裹也”，“饰，㕞也”。从字面意思来看，“装饰”是指人的衣着及其外在的修饰。装饰的英文“decorate”源自拉丁文词源“decus”，其基本含义有二：一为物的美化，蕴含“优雅、卓越”等意味；二指与人的品格有关的“荣耀、尊贵、体面、得体”等内涵。装饰在广义上被理解为对一切物体造型的美化与修饰，使其具有视觉表现功能，并引发人的审美愉悦感知。

对装饰的追求，是人类生活中亘古不变的行为。大量研究表明，艺术的起源与装饰的起源紧密相连。在旧石器时代晚期，人为加工的石器、骨质等饰物被用于人体装饰，其意义远非简单的美化，而是承载着身份标识、巫术信仰等多重功能。从西藏昌都的卡若文化遗址来看，不仅建筑方面已经有石砌墙屋，而且出土的 2 万余片陶件和 50 余件装饰品表面均刻有大量纹饰，这表明早在新石器时代，藏族先民就已存在装饰的传统。

随着人类文明和艺术的发展，装饰逐渐被普及和泛化，其应用性被延伸到众多领域，但装饰的功能意义却在一定程度上被狭隘化了。特别是在近代工业革命后，装饰普遍沦落为产品的附属手段，被认为“不具有艺术表现的独立性”，其地位也因此而低于其他艺术类别。19 世纪，许多学者反思装饰的功能与意义，西方随之出现了强调装饰价值的“新艺术运动”流派，旨在恢复装饰的艺术表现力的价值和尊严。

在我国涉藏地区，装饰艺术在历史长河中始终繁荣兴盛，至今仍历久弥新。由于藏族雕刻、绘画等各类造型艺术本身具有很强的装饰性，而装饰本身又是多种工艺性表现手段或方法的行为实践，其结果是一种综合性、丰富性的视觉艺术呈现，因此装饰手法在藏族民间艺术中被广泛运用。本章聚焦于甘孜藏式民居装饰艺术的表现形式，着力揭示其构建装饰艺术本体的价值和意义。

第一节　装饰艺术的本体特征

甘孜藏式民居装饰艺术虽然依赖于建筑实体而存在，但其本身又因审美价值和精神意义而独立。从传统美学来看，任何艺术品都不可缺少两方面要素：一为可见、可感知的式样，被称作形式；二为可理解、可认知的内在含义，即内容。前者是作品的外在要素，后者为作品的内在要素，二者构建了艺术品独立存在的本体特征，这是检验一切艺术作品价值认识的前提。就装饰艺术而言，其群体创造和经典传承的价值远远高于单件作品本身的独创性，因此对装饰艺术本体的探讨，还应包含促使形式和内容生成的技艺和文化要素、人能感知的审美要素，以及反映民族、地域和时代的类型风格要素。

一、艺术本体的理论学说

在艺术领域，艺术史和美学是发展较为成熟的学科，而对装饰艺术的研究到了近代才形成分支。在不同的历史时期，艺术史和美学的理论焦点时而侧重于艺术作品的内容，时而侧重于艺术作品的形式；时而二元分裂，时而对立统一。早期的西方古典美学强调艺术作品形式与内容的统一性，黑格尔将其概括为“美是理念的感性显现”。19 世纪以来，各种学说风起云涌。形式分析学派将研究重心聚焦于形式，认为形式才是区分不同艺术门类的本质特征，故艺术本体即形式的艺术；图像学家将目光投向内容，他们坚信内容决定着艺术的形式，对作品意义的深度剖析才是艺术的真谛；在新艺术史中，形式与内容的关系被巧妙地转化为“文本”与“情境”的关系进行阐述；后形式主义则致力于解读形式本身所蕴含的意义；符号学旨在破解视觉形式的意味；解释学则强调观者和社会情境在塑造艺术作品意义上的重要作用。在现当代美学中，艺术本体被理解为一个多层次结构的有机整体，学者们从不同的角度、不同的视野努力挖掘艺术作品在形式语言、审美心理、文化内涵上的深层意蕴。至此，形式与内容之间的二元关系不仅被赋予了新的意义，而且被拓展到了艺术人类学的解释领域。由此可以看出，任何一种理论都有有效性和时代局限性，但这些理论在各自侧重的领域内都发挥了重要作用，为我们充分理解诸多要素对装饰艺术本体的构建意义提供了宝贵的视角和工具。

“没有哪一种审美理论能在任何时候解释一切视觉文本的全部意义。相反，我们有新颖多样、灵活使用的工具，可供我们根据手头具体作品的特殊需求来挑选和使用。”[①]为了深入理解装饰艺术的本质，我们在本体中抽出内容、形式及其他特性，分别加以探讨，或有所侧重，或有所兼顾，之后再将它们整合为一个整体。在此过程中，我们既要立足于研究对象的特殊文化性属性，又要选择科学合理的相关艺术理论作为研究工具，以提供不同于传统研究模式的视野和方法。通过不同方法的借鉴，不同理论的指引，构建多视角介入的研究维度，力求对甘孜藏式民居装饰艺术有相对全面的认知和了解，以便正确理解和尊重其文化特性。尽管任何解读都不可避免地带有主观性和创造性，但这一过程本身就是一种意义的审美生成。它既是观者与装饰艺术的全面对话，也是民居装饰艺术本体价值得以激活的方式。文艺理论学者王岳川认为“艺术本体论”仍是当代美学的核心，它关注艺术总体价值（形式、审美、情感和意义）以及人与人之间的解释、对话与交流，以在多层次的本质世界中共创社会和谐与丰富多样的精神家园为其最终目的。[②]从这一过程我们可以看到艺术本体与人类本体同一的历史走向，艺术早已走向人类学的广阔视野。如同人类学家普遍关心的——“在我们这个容易旅行的时代，如何看待‘我们’和‘他们’之间的差异？我们还能不能在差异中探索人类共同生存的理由？”[③]对甘孜藏式民居装饰艺术的研究，正是基于对这种理论的具体检验和对现实问题的思考。也许，只有了解对象并反观自身，才能正确理解世界文化多样共存的和谐之道。

二、对装饰艺术本体的认识

毋庸置疑，对装饰艺术而言，形式与内容仍是其本体存在的两大核心要素。无论是作为具体作品还是作为独特的艺术类型，

① 理查德·豪厄尔斯. 视觉文化. 葛红兵等，译. 桂林：广西师范大学出版社，2007：38.

② 王岳川. 艺术本体论. 上海：上海三联书店，1994：45.

③ 王铭铭. 美学是什么. 北京：北京大学出版社，2002：137.

甘孜藏式民居装饰艺术都兼具形式与内容，它自成体系、独具特色地展现在康巴大地之上，供人们欣赏与解读，以肃然而开放的姿态接纳观者的目光。其形式为人们带来视觉上的愉悦，其内容则传递着深层的精神信息。不同的观者通过不同层次的体验活动，与装饰艺术进行心灵上的交流，使感知、想象和理解共同参与到对装饰艺术本体意义的解读之中。那么，什么是甘孜藏式民居装饰艺术的形式？什么是其内容？除了内容和形式，装饰艺术本体还包含哪些要素？

任何装饰都追求鲜明的形式感，因为形式是感知的第一要素和存在方式，可以说是装饰艺术的第一属性。关于对形式的定义和理解，我国南齐时期的绘画理论家谢赫在“六法论”中提出了三法——“应物象形”“随类赋彩”“经营位置”，这是对艺术作品中形态、色彩和构图的形式分析。当代著名艺术家吴冠中曾说：“真正的美术、造型艺术，眼睛看的东西，它的语言是形式，通过形式来表达语言，从形式上来看美丑，从形式上感染人。”[①]英国美学家克莱夫·贝尔指出，艺术的本体在于有意味的形式。美国符号美学家苏珊·朗格认为：“艺术是将人类情感呈现出来供人欣赏，把人类情感转变为可见或可听的形式的一种符号手段。”[②]以上各种观点都表明，形式是视觉艺术的重要本质特征，它拥有一套独特的表现系统，同时也是内容和意义的阐释系统。因此，甘孜藏式民居装饰艺术的形式，有着一套解释艺术本体的原语言，即它的视觉语言，主要包含形态、色彩、结构、空间、肌质等视觉可感知要素，及其这些要素所构建的可辨识的图形整体式样；与之相对应的内容，则包含图形所反映的题材、意义、象征所指、观念表达等可理解的精神层面的要素。形式这套视觉语言，不仅完成了对其本身和内容的阐释，还包含了对装饰艺术其他特性的表达。

装饰艺术的起源远早于绘画艺术，装饰的图形和应用一直伴随着人类文明的进步而不断发展。我国装饰艺术研究学者庞薰琹、

① 吴冠中：艺术中的形式美. 2024-01-21. https://www.meipian.cn/507cqezb.

② 苏珊·朗格. 情感与形式. 刘大基，傅志强，译. 北京：中国社会科学出版社，1986：21.

雷圭元、张道一等都强调装饰图案是工艺设计之母。著名艺术评论家邵大箴在谈及“装饰艺术的特性”时强调，装饰艺术是美化环境的，更是影响人的思想和心灵的，“装饰艺术要靠自身的手段，靠自身形式因素的结合去体现一种精神。庄重、大方、凝重、典雅、单纯，或者轻盈、绮丽、灵巧、粗拙、繁复。这些不仅是不同类型的美的范畴，不仅是语言风格，而且也可能是一种精神力量的载体或是传播观念、思想的媒介”[①]。英国艺术学者大卫·布莱特也认为：“装饰与美化的目的非常明确，就是供观赏。当然，从中得到的愉悦可能源于‘思想的自由交汇’，但是任何现实具体的装饰案例都是以一定社会空间和社会期待为背景的行为，并会运用在社会上构成概念的图式。”[②]这两位学者的观点充分说明，除了形式与内容之外，装饰艺术还包含技艺媒介、文化动因、审美激发、类型风格、思想传播等本体内涵。这是一个具有更宽泛意义的艺术本体概念，它既包含了作品本身，也涵盖了作品的生成过程、作品对人的作用及其社会影响力，还包含了诸多要素最终融合汇聚成的装饰艺术的独特风格，体现出类型的独特之美。这些要素不仅具有自己的独立性，而且相互之间存在着必然的关联，共同构建为装饰艺术的本体特征。需要特别强调的是，本书所研究的“装饰艺术本体”，并非针对具体的装饰艺术作品，而是指装饰艺术在类型意义上的本体，但它必然对具体的装饰艺术作品有适用性。

第二节　民居装饰的形式语言

对甘孜藏式民居装饰艺术的形式进行分析，有利于把握研究对象的特殊性，也是开启进一步理解其内容之门的钥匙。特别是当装饰艺术置身于深邃而厚重的藏族文化背景中时，其内涵映射着一个与信仰体系相关的精神世界，只有具备相关知识的特殊群体才能完全洞悉和理解，然而其形式却可以被所有群体（绘制者、

① 邵大箴. 装饰艺术和装饰艺术家//杭间，张夫也，孙建君. 装饰的艺术：《装饰》杂志 43 年论文精选. 南昌：江西美术出版社，2001：29-32.

② 大卫·布莱特. 装饰新思维：视觉艺术中的愉悦和意识形态. 张惠，田丽娟，王春辰，译. 南京：江苏美术出版社，2006：11.

居住者、观者）从视觉语言的角度去感知。人们可以体验到由色彩、形态、材质等要素融汇而成的一种特殊的美，这种美所引发的情感体验可以不受理解层面的影响，并直接以它独特的语言与观者进行审美对话。视觉文化研究者常常把艺术当作文本加以解读，特别是在当今这个读图时代，我们如何能像阅读文学作品一样读懂视觉文本并理解其语言表达？

在甘孜藏式民居装饰艺术的具体作品中，“形态”和“色彩”是视觉语言的基本要素，好比文学语言中的字词和句，二者之间的构成关系即为装饰图案的“结构”语言，正如词汇的组合方式构成了句子的语法。而不同结构安排构建的“空间”关系，正如修辞技巧的使用构成了语句的复合性语境。材质在技艺的作用下成为可观看、可触摸的“肌理”或“质感”，犹如声音是语言表达的特殊媒介，形成艺术类型之间的区别。这些视觉语言要素，在装饰艺术中以“符号”、“纹样”、“图案”、“图纹”或“图符”的完整形式得以体现，正如语言最终形成富有文采的诗歌、散文或小说体裁。在具体行文中，这五个词常常被通用，都指相对抽象的范式化图形，以区别于绘画艺术中相对具象的“图像”概念，然而这组词之间仍是有一定区别的。

“符号”是指具有独立意义并高度概括的图形要素，如万字符、寿字纹等。“纹样”是指由形态和色彩构建的基本图形式样，是较为具体的、个别的图形，如莲花纹、龙纹、水纹、金刚杵纹等。“图案”是规范设计效果的完整呈现，具体指不同纹样之间、主纹和辅纹之间通过一定组合方式构建的图形，其几何化、程式化、格律化、抽象化、秩序化特征较为明显。“图案”的外形讲究边界性、内部讲究构成性，形式感十分鲜明，在更多情况下规范或弱化主题，起衬托和修饰作用，如二方连续、四方连续和角隅纹样等，在我国装饰艺术的语境中是使用最为广泛的概念。“图纹”是指具有图像特征的纹样，有一定的主题凸显，如和气四瑞、六长寿、和解图等。“图符”则是指既可以单独抽离成图，又常见为系列组合的图形符号，如六字真言、五妙欲、七政宝、吉祥八宝、十相自在等。这些词汇都属于广义上的图形图像概念范畴，在本书具体语境中会不同程度地使用。装饰艺术的所有视觉语言，只有在构建为完整图形式样的基础上，才能被称作“形式”。形式是由视觉而感知的，因此形式语言就是视觉语言。

一、形态：抽象与具象之间

形态是眼睛能捕捉到的由边界线勾勒出的具体形状样式。

点、线、面是藏族装饰图案的基本形态要素。它们因几何化、抽象化的特点，赋予了图案强烈的装饰性。这三要素的性质是相对独立的，但在组合构建中常互相转化，如云纹、水涡纹、火焰纹等可被看作独立的点或小的面，而当它们作为边饰反复连续时又形成了动感的线。同样地，常见的莲花纹，因为线的密集排列或色彩的渐变推移而形成了一种富于层次感的面的形态。形态三要素在装饰图案中的作用显而易见：点以其灵活性和跳跃性为画面增添节奏感，直线以其理性维持画面的秩序与稳定，曲线以其柔韧和流动性为画面注入韵律与活力，面则可有效地增强画面整体的装饰效果和视觉层次感。其中，线是藏式装饰艺术的形态精髓，每一幅图案都贯穿着线的游走轨迹。因为线的描画才有形态的产生和色彩的位置经营，因此线对其他形式要素起着规范作用。其中，对S形线和螺线的极致运用成为藏族传统装饰图案的特点之一。水纹、云纹、卷草纹、火焰纹、如意纹等，只要涉及曲线的延伸与卷曲变化，都遵循S形线和螺线的形式规律。这种以“几何化”和“线”为主的平面特征，对应了德国美学家沃林格关于抽象艺术表现的两个显著特征：一是抑制对空间的表现，以平面表现为主；二是抑制具象的物体，以结晶质的几何线形式为主[①]。这恰好是藏族装饰图案的形态基质。

抽象和具象是一切装饰图案的基本形态特征。在藏式装饰艺术中，抽象形态主要体现在几何图形的广泛应用上。这些图形以三角形、圆形、方形、菱形为基本形，通过不同方向和角度的交错组合，又融入直线、方格和弧线，创造出丰富多样的多角形符号单元。这些单元再经过套叠、扭结、旋转、连接等手法，派生出更为复杂多变的几何图形。藏族装饰图案中常见的符号，如万

① W. 沃林格. 抽象与移情：对艺术风格的心理学研究. 王才勇，译. 沈阳：辽宁人民出版社，1987：15.

字、方胜、回、日、月、寿字等，大多是以方形或圆形为主的几何化图形；莲花、螺旋、卷草、山、水、火焰等，虽保留了自然形态的特征，但已高度抽象化与简约化。相对而言，大鹏鸟、雪狮、驮金宝马、财神牵象等主题性图纹，由于宗教、神话或民俗故事为其提供了形象素材，因而表现形态较为具象、可识。受藏传佛教绘画的影响，许多装饰内容的形态仍遵从绘制仪轨的基本规范，以几何数理来理解形态的塑造，如佛的身高和身宽为十个面宽，胸宽为十二指，胸臂宽度为二十指，手臂宽度为八指，手的宽度为六指；佛塔的绘造法是先画两条横线，其间分为五格，每格的大小为十一指半，莲花、青稞与佛塔的绘法相同[①]。可见，由于绘制图纹的程式化特点，即使是具象形态也具有几何序列的抽象特点，并且经过历史的发展演化，所有形态都已成为特定的范式。

虽然抽象形态是藏式民居装饰艺术中最常见的形态，但它仍来源于自然万物的具象形态。比如，具有数理之美的螺旋线，与自然界的植物蔓须、人的指纹和毛发旋涡、花朵绽放轨迹、海螺壳涡纹等生命形式相呼应，体现了宇宙万物普遍存在的黄金螺线形式美法则。我国图案学先辈雷圭元曾对这种现象作过精辟阐述："中国图案之美，美在具象（万象皆可作为图案美的内容），但归根结蒂又归结到抽象的表现手法，因为不把各殊的形象，抽出其共同之点，使其在精神上与宇宙万物引起共鸣，就谈不上图案之美。"[②]因而图案之美，还是在抽象与具象之间。

此外，在关于形态的研究中，有两类十分有趣的现象：一是同一形态的多种变化，二是不同物象的组合创造。这两种现象在藏式民居装饰艺术中体现得尤为充分。以变化最多的十字纹和卷草纹为例，从各种图案中抽取其多种形态的变化（例见图 2-1、图 2-2），可以清晰地发现它们的基本特征与可变特性。同一种形态常常通过二方连续、四方连续、相对或相背连接、单向旋转等不同的组合方式，产生新的形态，或以不同的修饰方法达到丰富的视觉效果。不同的具象物种组合，如龙头和虎身、鸟首和狮

① 尕藏. 藏传佛画度量经. 西宁：青海人民出版社，1992：17-27.

② 雷圭元. 中国图案美. 长沙：湖南美术出版社，1997：42.

身、摩羯与海螺等的组合，成为新的具象形态，创造出具有全新意义的物象。

图 2-1　形态多样的卷草纹

图 2-2　形态多样的十字纹

二、色彩：明艳且对比强烈

色彩的无限丰富性是藏式装饰艺术的显性特征。对色彩语言的分析，应基于两方面的理解：一是宗教艺术对题材内容色彩的规定性，二是藏族人民对色彩的喜好和传统绘制习惯。藏传佛教绘画对大多数装饰题材的色彩运用作了规定，如在《彩绘工序明鉴》中，共罗列了 159 种颜色的调配方法，每种又可细分为八九种，其中可以调配的、有明确名称的分支多达百余种。[①]一位当地画师曾提及，“万鸟之王”大鹏鸟的绘制讲究头为蓝色或绿色，

① 门拉顿珠，杜玛格西·丹增彭措. 西藏佛教彩绘彩塑艺术：《如来佛身量明析宝论》《彩绘工序明鉴》. 罗秉芬，译注.北京：中国藏学出版社，1997：57.

腰以下为黄色，从髀到脐为白色，从脐到喉是红色，从下颚到前额为黑色，双翼也是由这五种色彩组成的羽毛。在藏传佛教文化中，每种色彩都具有一定的象征意义。民居装饰受其影响，虽然在应用中并没有那么严格，但某些题材仍然习惯性地遵循其色彩搭配的基本范式。

总体来分析，甘孜藏式民居装饰艺术在色彩的运用上体现出以下三个明显特色。

第一，色彩明艳。除了文化属性，色彩还具有物理属性和知觉属性。在当地强烈的日照环境中，人们对色彩的感知非常鲜明。从色彩学的角度来说，赤、橙、黄、绿、青、蓝、紫七种基本色，每一种都具有色相、纯度和明度三种物理属性[①]。在色相方面，藏式民居装饰艺术采用了全色相的绘制，即图案或图纹中可找到七种及以上的变化色彩，只是搭配方式和使用面积不同而已。通常居室空间内红色使用最多，绛红或大红常被作为底色或色彩基调绘制于墙体表面。红色的基底上往往搭配不同色彩倾向的黄色、绿色、蓝色、橙色和白色。相对于日常生活空间，经堂较多使用金色、银色、黄色和橙色，以凸显佛性的尊贵和神圣。在色彩纯度上，各种纹样尽量保持高纯度，即色彩之间一般少作混合，多喜欢使用颜料的固有色进行图绘，因此色彩鲜艳而浓烈。同时，色彩明度变化达到了极致，这是藏式绘画的基本特征之一。画师对原有颜色逐渐添加白色或少量黑色，进行明度推移，产生同一色彩的不同深浅层次变化。在色彩明度偏低的红色、绿色、蓝色、紫色中，添加白色后产生不同层次的粉红、粉绿、粉蓝和粉紫，大大提高了色彩的明亮度。在窗户较小、光线幽暗的藏房里，提高色彩亮度和保持其鲜艳度是很有必要的视觉补偿，为居住空间增添了许多热烈而温暖的氛围。

第二，对比强烈。全色相、高纯度强化了色彩的独立个性，使色彩之间固有的属性如冷与暖、明与暗等的对比更突显。此外，在具体色彩配置中，还常常借助补色对比[②]、原色对比、明度对

① 色相，即色彩的本来相貌；纯度，即色彩的鲜艳度；明度，即色彩的明亮度。

② 补色关系在色彩学上是由三对基本补色引申开来的，即色相环上的黄与紫、橙与蓝、红与绿三对色彩。任何一对互补色既互相对立，又互相满足视觉需求补偿。红、黄、蓝三原色相互搭配，也形成强对比色彩关系。

比的手法实现色彩之间的互相衬托，使图形辨识度更为清晰。例如，红色的底上最喜用绿色的纹样（图 2-3），蓝色的背景上常绘以黄色的纹样，深色的背景上绘制浅色纹样等。这种色彩学上反差最大的对比关系在藏式装饰艺术中被广泛应用，它们常常互为映衬，色彩之间的边界被最大程度地强化，展现出千变万化、异常丰富的色彩效果。

图 2-3 明艳而对比强烈的室内装饰

第三，有机协调。在色彩的具体应用中，若对比过分强烈，往往易造成视觉疲劳。特别是在居室环境中，强烈的色彩容易激起居住者的烦躁情绪，这显然与艺术净化心灵的基本作用相违背。事实上，在表面看似热闹繁杂的色彩关系中，巧妙地隐藏着色彩的和谐性。首先，明度推移方法不仅减弱了色相和纯度，有序地形成了色彩之间的柔和过渡，减缓了对比色之间的冲突性。其次，中性色[1]在装饰图纹中被大量运用，起到了色彩之间的协调作用。除了白色被大量作为明度调和色，其他四种中性色也被用做大块面的底色，或者直接绘制成图形，如白色连珠纹、黑色牛角纹、银色卷草纹等，但更多的还是作为色彩之间的分隔线，以线描的方式对色彩之间的形态作清晰界定。其中金色的使用最为广泛和频繁，增强了装饰的华丽感和明艳度。最后，在具体纹样中，还巧妙地利用了色彩的有序交织关系。结合形态与结构组织的规范化和格律化，色彩运用体现了明显的秩序感。例如，色彩的对称、反复与连续使用，在空间距离上的穿插关系和呼应关系，以及色彩之间的相互点缀和修饰，共同营造出你中有我、我中有你的视觉交融效果。这些因素巧妙地将色彩之间的对立性统一起来，达到了视觉上的和谐。

三、结构：多层次有序组织

“结构”作为视觉语言，在这里指装饰形式中形态和色彩、形态和形态要素之间的内在组织关系，而非看得见的实体构造，故可被理解为平面化的“组织”或“构成”。这种组织关系是自成一体的，必须依据被装饰物的实体结构来构建一定的装饰区域，具有自组织的规律和特点，因而结构作为关系的存在也可以被理解为非视觉的。形式语言的每一要素单独存在时都具有自己的独立性，但当被结构所统领时便成为整体的一部分，服从于整体的统一风格和属性。装饰图案非唯一主题性绘画，而是一种符号体系的叙事与说明，因此，如果没有结构的组织作用对各种纹样之间、分割的单元画面各部分之间加以理性的联结，整个场景就不过是各种要素的随意堆砌。所以，结构在藏式装饰艺术的形式构建中发挥着至关重要的作用，正如如果没有语法，词汇就构不成句子、段落或文章，也就不能传达单元和整体的意义一样。任何装饰图形，无论大小，无论是一片叶还是一个完整的动物形态，都是由线作为边界与色彩的充盈所构成的结构的初级关系。某个图形一旦形成，便有了题材的识别性，也就开始具有“符号”或“纹样”的基本式样和单元意义。

---

① 中性色通常指黑、白、灰、金、银五种没有色相与饱和度的色彩。

在此基础上，甘孜藏式民居装饰图案的内在结构主要表现为基本架构、对称式结构、主辅式结构、套叠式结构四个层次。

一为基本架构，主要指连接、穿插、共生、重复、连续、并置罗列等基本构成方式。连接是指纹样和纹样之间的边界相接，相互保持形态的完整，如花与叶的连接、花枝与宝瓶的连接等。穿插是纹样与纹样之间形态的有机交结和勾连，既相互穿越对方连接为一体，又保持各自图形的完整性，如缠枝纹样、带结纹、寿字纹等。共生指图形之间共用边界线，图可以作为底，底也可以成为图，彼此相辅相成。共生结构在几何边饰中体现较多，如长城箭垛、万字符反复连接，所形成的图和底互为转换、互为衬托，构建了一种不同视角体验下的巧妙关系。重复和连续是指同一纹样按照一定规律反复排列，形成二方连续、四方连续图案，这类图案常常作为衬托主体图形的边饰或辅纹出现。此外，各种纹样以并置罗列的方式安排在一个装饰画面的情况也很常见，如吉祥八宝、吐宝鼠、火焰宝、财神等一并绘塑在灶台墙面或储物柜门上，形成丰富的画面感。

二为对称式结构。在甘孜藏式民居装饰图纹中，对称是最基本、应用最普遍的结构。大多数单体纹样都使用了对称式，包括镜像对称、中心发散式对称、回旋对称等。如果以画面的中心为轴，纹样在形状和色彩上会形成上下或左右的镜像关系，如双鱼纹、塌鼻兽纹或如意纹（图 2-4）。如果以某一点为中心，向四周对称发散开，会形成中心发散式对称，如十字对称的寿字纹（图 2-5）和米字对称的吉祥结（图 2-6）。万字符作为独特的结构形式常用于藏式民居的窗棂、门面及主体装饰墙面。将万字符进行解构重组，进而形成回旋对称式结构（图 2-7），从而使整体图案极具几何感、规则感和稳固感，又不失结构变化的灵活性。类似的还有一正一反的双线 T 字形构成的连续的城墙纹、金轮的内旋纹等。

三为主辅式结构。主体图形居于视觉中央，一般被绘制在主体墙面、横梁的中间位置、主柱上部、梁与柱衔接的雀替部位。主体图多以主题性题材出现，如大鹏鸟、雪狮、龙、虎等，其形象独立完整，形态生动自由，色彩对比强烈。四周则辅以二方连

图 2-4　镜像对称（如意纹）

图 2-5　十字对称（寿字纹）

图 2-6　米字对称（吉祥结）

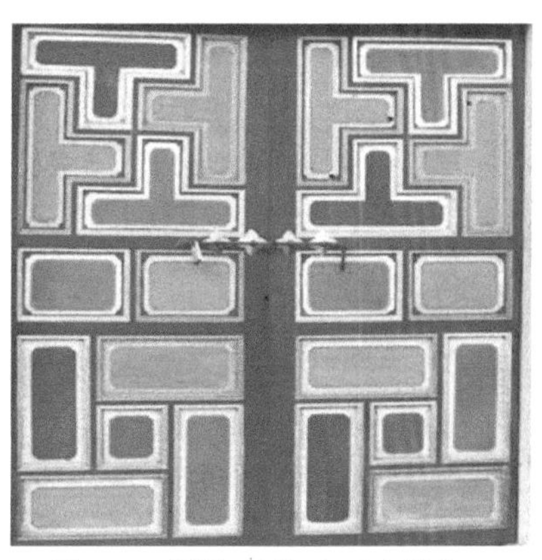

图 2-7　回旋对称（万字符）

续边饰作为辅纹，以凸显其作为最醒目中心要素的地位。在藏式民居的门框、窗框和家具的边缘、转角等部位，一般都有 3—7 层的二方连续图案，形成多条并行的装饰带（图 2-8），以辅助强化中心区域的主体图。由于形态要素简洁抽象，这些装饰带的结构排列具有高度规律性，对整个装饰形式的几何化、规范化、秩序感及程式化风格起到了重要作用。某些图符类题材，如吉祥八宝、七政宝、八瑞物、暗八仙等，外形被规范后成为适合纹样。为了强化其主体性，并弥补方形画面转角形成的尖锐感，常常绘制精致的角隅纹样来对其进行强调和衬托（图 2-9），从而形成了完整的纹章图式。适合的纹样和纹章图式是所有装饰艺术的显著特征，每个图式都构成了一个吸引观者视觉驻留的画面，共同构建了整个装饰空间。

图 2-8 衬托中心内容的装饰带

图 2-9 四周的角隅纹样

四为套叠式结构。在某个特定区域，常常采用大图套小图的方式来强化被装饰的中心题材。所套叠的画面 3—5 层或更多层不等，通过不同色调或明暗来相互衬托，形成空间叠置关系。置于最上层的单元画面图纹就是套图所要表现的中心内容，周边的单元被逐层遮挡，形成背景空间。在图 2-10 中，以十字纹为中心图纹，左右对称依次为卷草纹、万字符和莲花纹，重叠的组织形式构建了平面空间的层次感和纵深感。也许是装饰需要传递的信息量太大，形式太过丰富，每一种图纹都有不可忽略的重要性。如果没有一种有效的方式使某些图纹在众多的符号中凸显出来，装饰就可能会导致视觉混乱或感官疲乏。套叠式结构不仅可以强化画面的空间力场，还是一种引起视觉关注、增强秩序感的最佳方式。此外，在民居的外墙装饰中，也常用此法来重点强化窗户的装饰效果，即在层叠装饰的木窗套外沿墙面，用醒目的白色或黑色涂绘形成较宽的边框，远远望去，每一扇窗户都是建筑的最靓丽之眼（图 2-11）。

图 2-10　套叠式结构（室内装饰）

图 2-11　套叠式结构（外墙装饰）

结构是形式语言中的重要因素，它构建了装饰艺术的秩序感，满足了人们对本质规律性把握的心理需求。结构中存在的关系是所有形式要素相互联系的纽带。西方结构主义将结构视为艺术存在的本质，并将其分为表层与深层两种：表层结构可以直接观察到，而深层结构则需要通过分析和判断来揭示。以上四个层次的结构从简单到复杂递进，也仅是对共性特征的大致归纳，更多的构造方式则是在此基础上的变化与组合。

四、空间：平面与多维并置

就装饰艺术而言，空间语言主要指视觉感知的平面空间、实体空间和场域空间，具体表现为以下三个渐进的层次。

第一是平面分区装饰空间。绘画本身是一种可以表现三维空间的艺术，但甘孜藏式民居装饰普遍采用二维绘制方法，因而彩绘的范围都是平面装饰空间（图 2-12）。首先是对装饰面的选择。除了一些雕刻部位需要随结构起伏敷彩达成立体效果之外，大部分装饰都是在平面基底上进行，如墙体、门面、窗扇、家具表面等（图 2-13）。在遇到空间转向或立体装饰物时，也会将其分割为平面的序列组合，如几行的椅靠一般被分为内外 7 个或 11 个平面分别进行装饰，支撑横梁的圆柱也遵循平面铺陈的方式进行绘制。其次是平面装饰技法的运用。以线描确定边界，以色彩平涂或晕染来填充形态，各种纹样通过平面化的有序组织来表现装饰图形。在平面装饰空间中，没有自然物象的透视变化，没有体积和量感，没有光与影的关系，色彩也无须与自然真实相对应，一切都是图纹语言的概念化表达。

第二是实体结构装饰空间。在甘孜藏式民居中，建筑各部分的实体构造构成了装饰的纵深空间，如墙体、门窗、檐廊、家具等部件的结合部位或转折处常常以立体雕塑加以装饰。这不仅具有独特的实际功能，还大大增强了造型的精致感和视觉丰富性。

图 2-12　平面装饰空间（局部）

图 2-13　平面分区装饰空间（家具表面）

例如，白玉、丹巴一带的民居喜欢用造型独特的摩羯头装饰四角屋檐和门檐（图 2-14，图 2-15），这实际上是对当地寺庙建筑装饰的模仿。此外，室内横梁与立柱的构架形成 T 形空间（图 2-16），若有雀替（图 2-17）的过渡，则进一步形成曲线优美的 Y 形空间。这些往往是民居装饰的特色部位，也是视觉观看流程的转折处和聚焦部位，因此从图纹选择到方案设计，再到工艺技法的处理，都极为考究。有人说，装饰的作用在于隐藏被装饰物的实体结构，意指装饰常使建筑结构在视觉上趋于平面化，但有时却是对结构的凸显，如藏式民居对门窗、梁柱和檐廊的立体雕刻装饰，目的在于凸显这些部分的重要性。也有人说：装饰的魅力就在于它能

图 2-14　实体装饰空间（屋檐）

图 2-15　实体装饰空间（门头）

图 2-16　实体装饰空间（梁柱）

图 2-17　实体装饰空间（雀替）

在不改变物体的情况下使物体的观感得到改变。也许，这一观点更能说明装饰对结构的改变作用，手法多样的民居装饰艺术同时起到了隐藏或凸显实体结构的作用。

第三是内部场域装饰空间。这里指的是，除了附着于建筑实体的平面或立体装饰空间外，还存在由日用品、陈列品构成的场域空间，这也是装饰中不可或缺的重要组成部分。较为讲究的家庭，从梁柱上的各种挂件（图 2-18），到茶桌、供桌及各类柜子内摆放的许多盛器（图 2-19），再到壁橱上悬挂的大大小小的炊具（图 2-20），都颇为别致，并且尽量罗列展陈。这些装饰品中，

图 2-18　横梁上的挂件

图 2-19　桌面的盛器

图 2-20　壁橱上悬挂的炊具

以木作、金工、编织工艺制作的居多，同时也包括羊头、牛头、皮毛等动物类饰品。由于梁柱被视为家神的驻留之地，在一些地方的中柱上会挂有辟邪的嘎乌、刀、箭武器等，或挂有祈愿丰收的麦穗、玉米等，多数家庭的中柱上挂满了寓意吉祥的白哈达。此外，座椅上还放有靠垫、卡垫等手工纺织用品，兼具美观和实用功能。这些可移动的装饰品，恰恰是家庭装饰中较有价值的物件，既可不断地添置积累，也可应时应需进行更换。

五、肌质：材料与工艺糅合

肌质又叫“肌理”或“质感”，是材质和工艺高度结合在物体表面呈现的特殊纹理，是视觉语言的直接载体。《礼记·乐记》中有“五色成文而不乱”的记载，“文”通“纹”，是指各种色彩交错形成有序的纹理，是与事物内在的“质”相对而言的表面现象，所以“文质彬彬”体现了一种内外兼修、表里如一的美好品质。由此看出，具有纹理特性的质感是物体重要的外在表现形式。对于甘孜藏式民居装饰艺术而言，肌质是其区别于其他艺术的特殊语言，它的形成与可见的材质和不可见的技艺紧密相关。肌质的呈现形式受当地独特的建筑材料和彩绘或雕刻工艺所决定，因而肌质的产生主要由三部分构成：装饰材料、被装饰物的基质和工艺的选择。

装饰材料主要指绘制颜料。甘孜藏式民居装饰的绘制颜料普遍采用矿物颜料、广告颜料和油漆三种，应用于不同的基质表面。民居装饰一般不使用绘制唐卡所用的精心炮制的矿物颜料，而常到山中采掘“阿嘎土”——一种由岩石长期风化形成的黏性强、色泽优美的风化石，大致分为白、淡红和淡黄三种，康巴各地均有盛产。使用阿嘎土是藏式民居外墙装饰的一大特色，如丹巴、甘孜（县）和乡城的民居土石墙面都普遍使用白色阿嘎土，而炉霍、道孚及其他民居的崩空外墙大多使用红色阿嘎土。广告颜料比较适合于在木基质表面绘制，色彩晕染层次丰富，线条勾勒光滑而流畅，因此在彩绘中使用较广。油漆则常用于室内大面积覆盖，如木柱、栏杆、崩空墙体等常用红色、黄色和蓝色油漆，其与基底黏合度好且不易变色。对比而言，由于外部墙体大多未做基底而直接涂刷阿嘎土，肌理最为粗糙，也易受风吹日晒的侵蚀而变色，所以每隔一定的时间需要重新粉刷或涂绘翻新。除了这些颜料，还有两种材料——立德粉和黏土。它们的作用是在实施彩绘之前，在被装饰的基质上附加制作一种塑形材料，以使基质表面具有凸起的肌理感或立体感。立德粉多为线和点的形态来塑造，表面再敷以金色或银色，以增加图纹的光泽感和凹凸感。黏土则多用于厨房灶台前的墙体装饰，一般都采用当地黏土堆塑形态简洁的图像或符号。两种材料的运用，都在于突破图纹和基质的平面感，增加装饰艺术表现的综合性。

被装饰的基质指那些被装饰物体的表面材质。甘孜藏式民居装饰的图纹一般描画在两种基质上，一为土石结合的墙体，一为木质的墙体或家具。土石结合的墙体装饰面一般为室内墙体和建筑外墙，因部位不同，质感表现也不同。内部墙体在涂绘前，需将黄泥、粗沙子、麦草（防裂）、细炭（防虫蛀和变质）、白泥（提亮）、少量牛胶等混合为浆料，层层敷抹，再反复打磨处理，使其平滑光洁白净，利于颜料的涂绘与黏合，便于涂绘内容的充分表现。外部墙体表面较为粗糙，石材未作处理，一般只能绘制简单的、可远距离识别的图纹或符号。木基质的处理相对简单，只需把推刨平整和雕刻好的木件表面用粗砂打磨，去除粗糙纤维和残渣，然后刮上膏灰，使接缝部位不显缝隙，再用细砂打磨使表面细腻光滑，就可以进行彩绘了。寺庙建筑内部空间的土石墙体一般会绘制大型的佛教壁画，是装饰的主体面；民居则不同，室内土石墙面的装饰反而简略，装饰的主体面是所有木基质的表面，其也是民居建筑面积最大、表现最精致的被装饰的基质。这是民居建筑与寺庙建筑在装饰空间布局上的区别之一。也许是为了突破大面积装饰的平面感，装饰场域内门框和门楣、窗檐和窗框、梁柱之间、屋角等处，即凡是木件结构转折穿插之处或需要重点凸显的部位，都必然作雕刻的处理，或浮雕，或透雕，或圆雕，大大增加了木基质局部凹凸、镂空等的肌理效果，改变了被装饰的基质，形成甘孜藏式民居装饰的显著特色之一（图 2-21）。

图 2-21　木雕的莲花叠函边饰

在工艺选择方面，不同的基质对应不同的颜料和工艺，呈现不同的肌理形式。彩绘工艺顺应平面基质，而木雕工艺则改变平面基质，二者的结合在触觉和视觉上均实现了工艺制作的特殊效果。越是在光滑细腻的基质表面使用丰富多样的装饰手法，表现出的肌理越为耐看，对人更有亲和性和吸引力，也最能反映绘制者的水平；反之，粗糙的肌理在远距离观看时才能进行有效的识别和感知。工艺是促成肌理呈现特殊性的重要因素，因为肌质是技艺的表现载体，只有技艺将物质实体与视觉形式有机融合，转化为特殊的纹理，才能为观者提供独特的审美体验，才能将工艺上升为独特的类型范畴。如果制作者不考虑用途或功能，而是为了追求刻意的优雅和精致而言，工艺与材质融为一体即呈现为纯粹的形式。[①]甘孜藏式民居内部装饰艺术就明显带着这种意味，工艺种类和审美传统决定了制作者和居住者对肌质呈现的要求，所有的制作过程都凝聚于制作者的手指或笔端，他们巧妙地对各种材料进行艺术化改造与结合，最终体现为特别的肌质纹理效果。观者在欣赏的过程中，感叹的往往不只是材质的特别，还有精湛工艺的神奇造化，因为它在不同的材质之间实现了嫁接和转换，呈现出肌理的特殊本质。

第三节　形式表达的技艺媒介

技艺是装饰艺术的视觉语言得以形成和显现的决定性因素，是将各种形式语言融合为艺术的技术，要解决的问题是“如何让形式呈现得更为完美”，正如在语言表达中如何更巧妙地运用技巧以达成更好的沟通效果。画师好比使用道具表演的魔法师，是对道具进行神奇变幻的操纵者。技艺是技术和艺术的有机统一，包含特殊而具体的工艺制作过程和相应的经验知识。技术重在物理实践；艺术重在美的提升，在甘孜藏式民居装饰中呈现为工艺的极致性表达。大卫·布莱特认为，工艺作为装饰的一个侧面，涉及到装饰的制作过程、材料的造型过程和使用者的触觉快感，这些在不借助或少借助其他领域的情况下共同构建起独立意义的美学领域。因此，他提出了“工艺诗学”[②]的概念，意指精湛的技艺支撑了装饰艺术形式感的实现，其本身就是一个独立的审美

① 大卫·布莱特. 装饰新思维：视觉艺术中的愉悦和意识形态. 张惠，田丽娟，王春辰，译. 南京：江苏美术出版社，2006：284.

② 大卫·布莱特. 装饰新思维：视觉艺术中的愉悦和意识形态. 张惠，田丽娟，王春辰，译. 南京：江苏美术出版社，2006：275.

领域。甘孜藏式民居装饰技艺大体有木雕、彩绘、彩印、金工、石刻、牛羊毛编织等，其中彩绘和木雕是最主要的两种技艺。

一、彩绘技艺

彩绘是所有藏式民居装饰普遍使用的传统表现方法，当地老百姓将其称作“泽吉日莫”，意为美饰画。民居彩绘的技艺和风格主要源于藏传佛教寺庙的建筑绘画艺术，部分融合了汉式艺术元素。在传统藏学“大五明”中，“工巧明”即工艺学，包含了建筑、工艺、绘画及相关技术等各种艺能学问的早期记述，后世也有彩绘工序方面的相关著作，对其彩绘造像的形态、色彩、技法等都作了详尽的规范。例如，18 世纪造像量度文献《佛像、佛经、佛塔量度经注疏花鬘》（松巴·益西班觉著）中，对坛城、佛像、佛塔、莲花、法器等的画法都有明确的规定，传统藏式建筑装饰的一切内容和形式均受其影响。杜玛格西·丹增彭措所著《彩绘工序明鉴》中也对彩绘颜料的炮制、色彩搭配、涂色工序及仪轨等具体技艺作了详细阐述，其中还有关于“彩色绘画之由来”的传奇讲述：佛祖释迦牟尼往仙境静修，安住之际，天竺婆罗尼斯国王出家遁入佛门，亲见佛祖能仁面目，因不忍忘怀圣容，当即用檀香木雕刻佛像一尊供奉。后来佛祖降临为其灌顶，命其前往汉地。当其入大汉之地时，如空中飞云一般，于吉祥万门之宫殿处霎时升起五色彩虹。文殊菩萨化身的大臣亲眼见佛像，遂将所见画于布上，画像上涂有千种色彩，被后人称为丝质唐卡。[①]从这段讲述可见藏传佛教绘画与汉文化的一体渊源关系。至今广泛使用的丝质唐卡，在材质、画风和传统装裱形式上都深受中原绘画艺术的影响，反映了佛教艺术在藏地走向中国化的发展过程。

甘孜藏式民居装饰图纹的制作技艺，虽与当地寺庙壁画的绘制方法相同，但制作过程相对自在随意，不如寺庙壁画那样细腻严谨，其精致性或许稍逊一筹，却不失民间的稚拙韵味。对藏房装饰绘画来说，影响效果的关键在于材质的选择、画师的技术和工艺的精细程度。尽管各地绘画技艺受地域风格、师承关系等因素的影响而有

① 门拉顿珠，杜玛格西·丹增彭措. 西藏佛教彩绘彩塑艺术：《如来佛身量明析宝论》《彩绘工序明鉴》. 罗秉芬，译注. 北京：中国藏学出版社，1997：58.

一定差异，但总体而言主要包含六个大致相同的步骤。

第一步“如热布”，即勾勒草图。使用炭笔或铅笔分区域布局好要画的内容，为几何图案绘制好基本的格线，然后在绘制区域内勾勒草图。在藏房装饰绘画的彩绘过程中，有些是请一位画师逐步完成，有些是多人共同分工合作。勾勒草图的工序通常交由经验丰富的画师负责，先描画主要图纹，再依次勾出陪衬纹样。若涉及佛像等内容，还必须严格按照规定的比例尺度和形态特征进行勾画。

第二步“介”，即勾勒墨线。使用毛笔在已确定的铅笔或炭笔线条的草图上勾勒墨线，相当于对铅笔线做最后的修正，为定稿线，类似于汉式传统花鸟画中的线描。如果是熟练的画师，对所绘图样心中有数，可以省略这一步，直接用铅笔或炭笔对轮廓进行再次确定。这一步要求对所有图纹内容展现无遗，务必详尽且面面俱到，是敷彩的重要依据。

第三步“存”，即敷彩，在墨线的基础上填画颜色。敷彩前要预先在不同的容器中分别调好要使用的主要色彩。同一种色彩在不同部位有穿插安排，故要用相应的颜色在画面上做好填充标记。绘制时用毛笔将基本色厚薄均匀地敷画在墨线勾勒的形状之内，再调和其他颜色敷画次要部位。在填色过程中，墨线逐渐被饱和的色彩所覆盖，不同色块之间就会自然形成形态的边界。

第四步“当”，即渲染。对画面的色彩团块进一步进行渲染加工。例如，对花瓣、卷草、珠宝、火焰、天空、岩石等处进行色彩的明度渐变推移。一般是由深及浅逐层填色、推染、皴擦，使画面呈现自然的色彩过渡，既丰富画面的色彩层次，又使色彩变化显得滋润、柔和、细腻而不突兀，对不同色彩之间的强烈对比起着协调作用。

第五步再次“介”，即勾勒彩线。经过“存”和“当”之后，原有的墨线已经被覆盖，对有些需要用线来装饰和强化的图形，要再次用饱和的色线来勾勒，所以这一步又被称为“勾复线”。敷暖色的地方用深红色勾复线,敷冷色的地方则用深蓝色勾复线。有些地方也大量使用黑色、白色和金色来勾线，以达到形态的清晰明了。均匀细致的线条不仅可协调画面，还可使整个画面层次丰富、精致醒神。

第六步“赛热”，即上金。在民居装饰中，金色深受富裕讲究家庭的喜爱。上金在经堂装饰中尤为常见，有时木雕花纹会大面积地上金，其他色彩则只在次要部位起辅助作用，使得整个空间显得金碧辉煌，增强了经堂的神圣庄严氛围。在客厅装饰中，金色也被大量运用，有时用于色块敷金，有时用于线条描金，有时还要用沥粉堆金，以增加整个室内色彩的光泽感，使居室空间显得雍容华贵、富丽堂皇（图 2-22，图 2-23）。

图 2-22 彩绘门框

图 2-23 彩绘家具

以上六大步骤完成之后，为了使彩绘内容在日后不受潮剥落、褪色或霉蚀，最后还要在完成的图纹上整体刷清漆。刷漆之后彩绘图纹的色彩会更加鲜亮，且易于打扫，也更持久耐看。

甘孜藏式民居装饰绘画工艺普遍都遵循以上程序，而居住者对彩绘质量及效果的要求与画师的技艺水平有直接的关系。一般对装饰要求较高的家庭会请当地技艺精湛的名师，特别是那些长期为寺庙绘制壁画和唐卡的专业画师。这些画师在使用的材料和工艺制作程序上都相对讲究和细致，例如，在绘制前会对基质进行多次处理，对颜料（图 2-24）进行反复研磨，用动物毛自制不同粗细的毛笔等工具（图 2-25）。他们拥有丰富的绘画技艺和审美经验，在图纹形态、色彩搭配、结构组织及对整个空间布局的驾驭能力上，都比一般的画师技高一筹。

在整个绘制过程中，户主对邀请而来的画师应十分敬重。据《如来佛身量明析宝论》记载，作为绘塑师和施主都需要具备一定的条件。绘塑师应“情性温柔、笃信佛法、年轻健壮、五官明慧、无忌讳、不瞋怒、不暗中伤人、精明又乐观、善忍又慈悲等等，如具备这般善根者，则能绘塑体态优美、妙相俱全的佛像”；而爱护工匠是施主最重要的美德，施主“如对工匠不喜欢，该工匠所塑的佛像就无智慧”，“高尚的施主是：笃信佛教，精进而慈悲，乐于行善，慷慨布施，持重，无欺他

图 2-24　丰富的彩绘颜料

图 2-25　自制的彩绘工具

人之心，对佛像和绘塑师们无限敬仰”。[①]可见，无论是对居住者还是对画师而言，彩绘装饰的需求与制作本身都跟品行修为和信仰息息相关，双方的密切配合与和谐关系对装饰的最终效果起着至关重要的作用。

二、木雕技艺

木雕是甘孜藏式民居装饰常用的传统技艺，广义上包括前期设计和塑形，中期雕刻，后期组装与表面打磨、敷彩、刷漆等一系列工艺步骤。通常，木雕主要用于门窗、梁柱、檐廊、家具等部位彩绘前的基质造型。甘孜州各地不乏知名的木工艺人，其中炉霍、德格、乡城等地的木雕艺人更是声名远扬，深受民居装饰市场的欢迎。得益于甘孜丰富的林木资源，当地民居建筑和家具大量采用木材制作。加之历史上中原地区木作技艺的传入，进一步推动了当地木雕技艺的广泛应用与发展。在甘孜藏式民居装饰艺术中，彩绘之前的大多数时间和精力都用在木雕上，木雕成为赋予甘孜藏式民居独特装饰性的重要因素

① 门拉顿珠，杜玛格西・丹增彭措. 西藏佛教彩绘彩塑艺术：《如来佛身量明析宝论》《彩绘工序明鉴》. 罗秉芬，译注.北京：中国藏学出版社，1997：19-20.

之一。木材因其可塑性和牢固性，表面易于与彩绘颜料相结合，极大地提升了装饰艺术的肌理、质感，从而成为藏族人民普遍喜爱的雕刻材料。

木雕技艺是用几十种各式各样的钢质工具，通过镂、刻、雕、戳、凿、铲、钻、铳、磨等技术，将木材表面雕琢成富有层次感和立体感的艺术品，民间俗称“雕花”。艺人在具体制作时会因地制宜地选择木料，或应特殊需求购置外地木料。传统木雕行业主要采用纤维结构紧密、质地细腻且具有一定韧性、不易断裂受损的硬质木料，如檀香木、黄花梨、红杉、鸡翅木、柏树、桦树、楠木、椴木、楸木、核桃木等，以追求穿枝过梗、层次丰富的雕刻效果。木雕的应用范围广泛，包括所有需要装饰的木质建筑构件、家具和器皿，如墙体、门窗、檐廊、梁柱等构件，佛龛、桌、柜（图 2-26）、床等家具，以及木桶、木碗、木盒等生活用品。

图 2-26　木雕制作的壁柜

甘孜藏式民居装饰的木雕手法大体可以归纳为平雕、剔地雕和透空雕三种，若细分还包含直刻、曲刻、圆刻、锐刻、切刀、压刺、游刀、凿刀等，手法多达十余种。平雕指在平面上直接雕刻出凹状线条的花纹，也是形成图纹的基本方法，类似于现代雕刻中的阴刻法。剔地雕指以剔除图案中一定厚度的底来凸显花纹体积的手法，类似于现代雕刻中的阳刻法（图 2-27），是民居装饰中使用最普遍的方法，常见于梁柱、雀替、门框、门楣、窗框、家具表面等部位。透空雕是在剔地雕基础上进一步去掉图纹的底部，使图纹的立体感更强，饱满并充满灵透感（图 2-28），在民

图 2-27 剔地雕

图 2-28 透空雕

居装饰中常常用在家具、门窗、檐廊等部位。剔地雕和透空雕技术难度大，也是当地艺人掌握得最好、最负盛名的工艺。这三种手法常常同时运用或兼顾两种，不同的组合表现出不同的效果。

木雕制作的工序复杂，主要包括木活、旋活、锼活、凿活、铲活、锉活、磨活、烫蜡、漆活等。木活指形成各部分待雕组件；旋活指去掉待雕组件的内膛或让面子、缩腰等成型；锼活指锯出待用的镂空花版；凿活和铲活指用凿子和铲刀进一步去掉余料，形成基本花型；锉活指去掉荒料（粗糙部分），再以水砂纸磨活使表面光洁；最后是上色后刷清漆，或直接上色漆（图 2-29）。如不考虑上色，传统讲究的做法在上漆前还要烫蜡，即用川蜡和石蜡调配制成蜡膏，用木炭火烤使其浸入木质，待蜡凉后把多余的蜡剔净，以使木雕表面更加润泽光亮。经验丰富的艺人一般会根据居住者的要求选择繁复或相对简约的雕刻风格，具体制作时既遵循传统，也会依据“简其形而不简其意”的原则，结合实际作一些局部的简化与创新。

图 2-29　上色漆

可以确信的是，木雕手工艺人通过技艺的实践改变了装饰的基质。我们看到的物件不再是一块简单的木头方子或木板，也不再是一扇普通的门或窗。工匠们通过精雕细琢将它们变成了一件件值得细细品味、观赏和触摸的艺术品。从艺术心理学的角度来看，触觉是视觉的延伸，视觉愉悦会引导我们去寻找触觉的体验，感知并想象艺术成型的过程与情景。装饰及其愉悦，也是认识世界的主要方式。“这种认识，建立在实践和身体经验之上，只可意会不可言传。”[①]那些凹凸起伏的函叠门套和通透空灵的镂空门窗，大大丰富了人们对装饰艺术的审美体验。

彩绘和木雕两种技艺作为装饰语言表达的重要媒介，使甘孜藏式民居装饰的艺术性得到了升华，装饰从附属地位走向了中心。它的艺术价值超越了物件的使用价值，被越来越多的人所赞叹，客观地反映了装饰艺术本体所具有的表现力。通过甘孜藏式民居装饰艺术的具体作品，人们从图案的形式语言体会到它的内在张力，从触觉感知木雕技艺的肌质之妙，从视觉感知彩绘技艺的繁华之美。制作者和使用者之间达成了不可言喻的心灵默契，实现了“工艺诗学”的美妙体验。

三、工与艺相融

甘孜藏式民居对装饰的普遍应用，是藏族民间手工艺存活的典型载体，其技艺兼具综合性和广泛性。从事藏式民居装饰的手工艺人，通常都是受当地人尊重的社会群体。他们掌握的技艺不仅是谋生的重要手段，更是一生追求精进的精湛艺术。他们所使用的图符纹样并无统一的工具、手册，全靠记忆、经验和实践来传承，且很少对先辈传下的图样进行修改或创新。正是这些手工艺人对图式的尊重与代代相传，才构筑了甘孜藏式民居装饰艺术的独特风格。因此，他们的“艺”，并非创新的“艺”，而是凭借技术上的精湛达到了“艺”的境界，这恰恰是工匠精神的真正体现。判断艺人的技艺水平，除了其作品要满足使用者的功能需求外，最终呈现的艺术形态是否精美，能否赢得居住者的赞赏及广泛的社会赞誉，才是其与他人相比较的评价标准，也即我们常说的“工艺的附加值”。从艺术学的角度来说，“工艺诗学”的实践有三个层次的递进式体现：第一是“工”与“艺”两个维度的本体差异，通过“技”实现融合；第二是无形之“技”的表达，必然通过每一件有形作品而获得的“美”感来体现；第三是共同的价值追求和内容表达通过工艺的作用形成的装饰“风格”。三个层次关系，真正体现了“工”与“艺”的高度融合，进一步反

---

① 大卫·布莱特. 装饰新思维：视觉艺术中的愉悦和意识形态. 张惠，田丽娟，王春辰，译. 南京：江苏美术出版社，2006：16.

映出装饰工艺作为特定文化表达媒介的必然性和独特性。

近现代的工业化进程大大提高了人们的物质需求，以生产效率和经济效益为目的的生产体系不断简化着生产过程，机械化、智能化的生产在很多方面替代了几千年传承的手工业生产。然而，甘孜的藏族手工艺人在长期的制作过程中，始终坚守“用心有多深，技艺有多精”的信念，专注当下，心无旁骛，一生追求工艺的极致和形式的完美。在当今碎片化、快节奏的信息社会，人们更珍视传统的文明与文化，通过考量另一种存在状态，来对照和反思现在的生存价值和精神缺失。专心致志地雕琢和绘画的过程完全不同于现代工艺的冰冷感，它让制作者感受到对实践过程和结果的充分把控，以及劳动所带来身心合一的体验。传统的手工制作模式拉近了人与人、人与物之间的心理距离，通过制作、使用、欣赏、品味、理解，制造者和使用者建立了某种共同的、共通的感受体验。每一户民居的装饰都是一项独特的工程，即便是相同的形制和花纹，也是艺人们不断超越自身水平的结果，其中必然包含变化性、偶然性和不可预知性，这些都是他们完成装饰任务后获得成就感的重要源泉。因此，正是这些技术特性和艺术魅力，使得当地传统手工艺人能一生坚守，并吸引那些真正热爱各类装饰工艺的年轻人学习并参与到制作中来，也让越来越多有认识、有感悟的都市人回望乡村“手艺”的存在价值。

“装饰活动是我们与生俱来的，是一种本能，我们通过装饰来解读这个世界。这种倾向就像语言能力和计数能力，是天生的本领；缺少它们，我们无法成为一个完整的人。没有哪个社会不会说话、或不会算术；同理，也没有哪个社会不从事装饰、美化、图案设计等活动。”[①]大卫・布莱特从人的基本能力出发，说明了装饰产生的必然性和社会性。毋庸置疑，特定的形态、色彩、结构、肌质、工艺等语言，构建了甘孜藏式民居装饰艺术之美，并成为人们最易于捕捉和感知的艺术形式。不仅如此，藏族家庭的居住空间还成为了装饰的社会媒介，借此实现了手工艺人与使用者、观赏者、评价者之间的交流。这种交流，在特定的文化空

① 大卫・布莱特. 装饰新思维：视觉艺术中的愉悦和意识形态. 张惠，田丽娟，王春辰，译. 南京：江苏美术出版社，2006：8.

间情景中表现为社会的习俗，映射为视觉符号体系的文化表达及其相关行为。

小　结

以上对形式语言所作的分析，是对甘孜藏式民居装饰艺术外在特征的具体描述，也是装饰艺术的直接表征，而技艺媒介是形式语言的生成因素。实际上，形式语言的概念是任何视觉艺术都包含的共性要素，只是在不同的艺术中表现为不同的具体特征。各种语言既有各自的独立属性，又相互依存，共同融合为艺术的形式本体。装饰艺术本体的六大要素，正好可以划分为三对关系密切的要素范畴：形态与色彩、结构与空间、肌质与技艺。

在所有形式语言中，色彩和形态是最基本且最受关注的两大视觉要素。形态区分物象，而色彩充盈形态。在藏式装饰艺术中，色彩永远刺激着人的视觉，传递着丰富而热烈的情感；形态为色彩提供了展现的舞台，同时又因色彩的对比而得以凸显，并进一步通过各种线条来强化其自身的存在感。从这个意义上来说，藏式装饰艺术是一种“线色极致”的艺术。

空间和结构也是一对互生互为的范畴。装饰图形的空间虽然不在于表现真实的体积感，却通过结构关系的有效组织来实现了层次的丰富性。空间的分割往往就是结构的布局，结构的安排既要受空间的限制，又总是力求突破和改变这一限制。空间为视觉语言提供了展现的背景，而结构则完成了各种语言之间的有机统一，使其成为全新的意义符号。

然而，以上两对语言要素，只有通过适宜的物理材质与精湛的技艺相融合，才能呈现出特殊的肌质之美，使装饰艺术具有技术与艺术的完美结合。正是这些富有意味的形式语言，给物质媒介注入了生命活力，为技艺提供了丰富的表现内容。否则，材质也只是没有灵魂的物质堆砌而已。只有依靠技艺的整合，实现灵与质的统一，才能构建出完整的装饰艺术本体。

第三章　藏式民居装饰艺术的内容表达

物的美化对人而言有两个层面的作用：在形式层面，给人以视觉愉悦，为“审美”的感官体验；在内容层面，作用于人的精神世界，为“内化”的潜移发生。以装饰作为美化的手段，在人类所有文明中普遍存在。装饰所要传达的内容，是特定文化熏陶的产物。如果说形式构建了不同艺术类型之间的本质区别，那么内容则反映出不同文化属性之间的根本差异。内容既可以是有意识的表达，也可能是无意识的流露。俄国著名艺术家康定斯基认为，“一件艺术作品的形式由不可抗拒的内在力量所决定，这是艺术中唯一不变的法则。一件优美的作品是内涵和外表和谐统一的结果；换句话说，一幅画是一个精神有机体，它像一切物质有机体一样，是由多个部分组成的”[①]。从这个意义上来说，形式由内容所决定，正如思想决定语言，而不是语言来决定思想。同时，各种文化的思想内涵是深邃的，而且表现于多方面，特别是带有宗教意味的装饰艺术，其形式只是精神内涵的符号化表达。当装饰内容被观者所选择并使用时，内容和观者需求之间必然存在内在的适宜性和同质性，而文化在其中起着决定性作用，具体表现为愿望、情感、理想、价值观、认知方式、思维方式等诸多方面。因此，从更宽泛的意义上来理解，装饰艺术实际是居住空间的一种文化表达形式。

甘孜藏式民居装饰艺术虽无现代大都市图像世界的五彩缤纷，却以独特的形态为世界展现了另一番图景。有人说，当今时代是“读图时代”。泛滥的图像充斥着现代世界，解读图像因此也成了能力的一种体现。英国视觉文化研究学者理查德·豪厄尔斯认为这种能力是具有“视觉文化教养”的表现：“除非我们学

---

① 瓦·康定斯基. 论艺术的精神. 查立，译. 滕守尧，校. 北京：中国社会科学出版社，1987：12.

过如何解读图像，否则我们永远是视觉文盲。”[1]面对甘孜藏式民居装饰艺术，人们不禁心中生疑：这些图式究竟展现了一个怎样的世界？居住其中的人如何感受这个空间场域？他们如何理解图像（指广义的图像概念，包括图纹、图案、图符等）与现实的关系？特别是当外来者面对这些图像艺术时，可能会因理解不当而触碰文化禁忌或造成误会。在某些特定环境中，人们能直观体验到美的视觉愉悦，并为其精彩而赞叹，但同时也可能感受到被其文化屏障拒之门外的尴尬。无法理解便无法接近，更无法认知其意义和精神世界；若始终如此，人们可能会成为名副其实的异文化旁观者。因此，掌握有效的图像解读方法，不仅可以增加对现实世界视觉图景的理性认识，还能跨越文化障碍，理解不同环境中图像所传达的意义，从而构筑起各民族文化沟通交流的桥梁。

第一节　探寻意义的相关理论

内容是各种意义的集合体。文化的传统使人们已经习惯于在文字文本中解读内容和寻找意义。那么，图像真的能像文字一样被解读吗？事实上，中西方艺术史研究者早已将图像作为研究客体来进行解读，将视觉艺术和文字语言相结合探索出有效的解读方法，使我们可以全面掌握图像所传递的信息意义。只是现代的艺术理论家，对形式、内容和技艺的分析方法有别于传统，他们越来越多地探索解读艺术作品的不同路径，尝试阐释文化所能涵盖的所有意义，整个艺术史就成了一部对视觉艺术进行文化理解的历史。所以，以“解读”作品代替“观看”作品是当下艺术史发展的趋势。

（一）解释学将内容指向文化的阐释

艺术作品的内容反映其所属文化的相关意义。“文化”是一个含义丰富的概念，对文化的研究几乎涉及了古今中外人文学科的所有领域。《易・系辞下》有载：“物相杂，故曰文。”《易・贲

① 理查德・豪厄尔斯. 视觉文化. 葛红兵等，译. 桂林：广西师范大学出版社，2007：1.

卦·彖传》亦载："观乎天文，以察时变；观乎人文，以化成天下。"因此，"以文化人"一直是中华文明发展的实践过程，积淀为文化的成果。18世纪以来，学术界对"文化"的研究中，影响较大的理论学说当属"解释学"[1]。传统的解释学是指解读、诠释文本的技术，强调忠实而客观地把握文本和作者的原意，如我们对传统文化的注经解释、西方对圣经教义的解释。到了近现代，解释学的发展由一般的方法论上升到哲学本体论，其解释内容逐渐拓展到文化所涉及的一切意义领域，还将研究对象扩展到对读者的关注。美国人类学家克利福德·格尔茨认为，文化"表示的是从历史上遗留下来的存在于符号中的意义模式，是以符号形式表达的前后相袭的概念系统，借此人们交流、保存和发展对生命的知识和态度"[2]。20世纪60年代以来，解释学广泛应用于人类学、文学、历史学、宗教学、艺术学等学科。它既是一门边缘学科，又是一种新的研究方法或哲学思潮，与不同学科结合产生了许多新的学科或理论分支。在近现代艺术史中，更是产生了以解释学核心方法理论为基础的符号学和图像学。

（二）符号学强调破解视觉形式的意味

符号是人类文明和文化的产物。自古以来，人们对符号的研究就以不同的形式存在，但符号学于20世纪才逐渐形成学科。索绪尔以"能指"和"所指"相结合的原理，奠定了符号学的理论基础。能指是指表达具体事物的方式，即符号呈现的形式语言；所指是能指所表达的事物的意义，即符号引申的观念。特定的能指和所指之间的关系是一种约定俗成的关系，必然代表着一定的含义。如"莲花"这两个字可使人联想到真实的莲花（能指）及莲花的"圣洁"（所指），这种关系就是特定的、约定俗成的。符号学原理被后来的胡塞尔、皮尔斯、巴特等符号学家进一步发展，"所指"成了解释的最终目的，进而把意义指向了隐性的象征世界。

研究语言的符号学家与艺术史家先后认识到，符号学可以成为

① 解释学这一术语来源于希腊文"Hermeneuein"，意思是清晰地呈现事物，将信息宣布或者公之于众。后用于对文化现象之内在意义的阐释。

② 克利福德·格尔茨. 文化的解释. 韩莉，译. 南京：译林出版社，2008：109.

解释艺术的卓有成效的方法，因为“艺术作品具有符号的特征”[①]。被称为“符号学之父”的德国哲学家恩斯特·卡西尔认为符号实际是一种“有意味的形式”。人是符号的动物，因为人类活动本质上就是一种“符号”或“象征”[②]活动。在此过程中，是人创造了人类特有的符号系统，并构成一个文化的世界。语言、神话、宗教、艺术、科学和历史都是人类创造的不同符号体系，表示人类种种经验、情感、行为方式及把握世界的方式，符号的根本作用即在文化中交流，人本身亦为“文化的人”，所造品无一不是“文化的物”，因此，艺术亦即一种文化符号体系，艺术的“形式”实际充满了文化的意味。人类学家进一步把符号指向文化的解释，格尔茨表明文化概念实质上是一个符号学的概念，因此“对文化的分析不是一种寻求规律的实验科学，而是一种探求意义的解释科学”[③]。法国人类学家列维-斯特劳斯将亚洲和美洲原始部落的装饰图案视为符号文本，从分析其外在形式结构开始，逐层揭示其文化意义的深层结构。

（三）图像学重在内容的象征意义解读

从广义上讲，解读是对文本的分析，包括以形式与内容为主的诸多要素。然而，艺术史上的解释主要是针对内在意义的解读，而不仅是对形式的分析。图像学就是这样一门学科，它系统、严谨和客观，被公认为是从艺术史领域产生的唯一一种对视觉艺术作品进行解读的研究方法。图像学的产生背景，是20世纪30年代形式分析热潮的逐渐退却。在此背景下，一种集合多种学科来探究图像意义的方法逐渐形成。以瓦尔堡和潘诺夫斯基为代表的学者们，对图像学的性质进行了重新界定，“把它理解为一门以历史－解释学为基础进行论证的科学，并把它的任务建立在对艺术品进行全面的文

① 1934年，语言学家穆卡罗夫斯基发表了《作为符号学事实的艺术》一文，指出了艺术的符号性质。

② “象征”（symbol）一词源于古希腊人用于确保相互辨认的一种方法，后为所有语言通用。在《现代汉语词典》（商务印书馆，1983年版）中解释为“用具体的事物表示现某种特殊意义”。在《象征的图像：贡布里希图像学文集》（上海书画出版社，1990）序言中称其为“在一个特定的环境中起着符号的作用”。

③ 克利福德·格尔茨. 文化的解释. 韩莉，译. 南京：译林出版社，2008：5.

化－科学的解释上”[1]。之后，以内容描述为主的传统图像志被上升到图像学的研究范畴，旨在理解表现于（或隐藏于）造型形式中的象征意义。图像被视为特定文化基本原理与观念的象征，对其象征世界的解释成为图像学的核心领域，艺术作品因此被看作是艺术家、宗教、哲学，甚至整个文明的“文献”。图像学理论在欧洲中世纪和文艺复兴时期的艺术解读中尤为有效，因为当时的绘画作品充满了与宗教相关的象征图像和符号。这与带有宗教艺术意味的藏式装饰艺术在类型上有相似之处。藏式民居装饰艺术一定程度上是藏传佛教艺术在民间的延伸，不同的是它融入了居住者根据生活实际需要而进行的有意识的主观选择与改造，因此体现着信仰需求与生活需求的交织关系。

符号学和图像学作为解释学的分支，为我们提供的都是认识对象的理论与方法，只是在符号学中，解释的重点不是文本的意义，而是意义的生成，即哪些因素影响和建构了最终的意义。这是符号学与图像学在解释路径上的主要区别。符号学与图像学提示我们：任何事物都不能代表它们自身，而是要靠社会和文化的赋予才能获得意义。从这个角度来说，艺术是文化的映射方式。符号学与图像学有互融性，因为作为视觉艺术的符号就是图像，二者的共同目的在于破译艺术作品的内在含义。二者从图像形式（符号本身）出发，虽然路径不同，但最终都指向了内容的象征与文化意义。因此，对藏式民居装饰图纹来说，解读其内容意义至关重要，因为其本身就是存在于居住空间的文化符号，也是意义的象征之网，对符号意义的追寻就是证实其内在价值的过程。

第二节 符号体系的内涵阐释

甘孜藏式民居装饰艺术的题材大多来源于藏传佛教的相关内容，因此其形式与内容都呈现出与之相袭的关系。一般藏传佛教寺庙装饰以大大小小的佛像、教义内容的情节描绘、宗教图符体系等为主要题材，以面积和体量巨大、工艺精致而细腻、内容丰

---

① 贡布里希. 象征的图像：贡布里希图像学文集. 杨思梁，范景中，译. 上海：上海书画出版社，1990：1。

富而严谨、造型相对具象为主要特征。而在民居装饰艺术中，宗教题材除了服务于日常生活信仰的需要，还要满足居住者美化空间、营造轻松愉悦生活氛围的需求。供奉佛像主要以挂式唐卡或摆放小型佛像来替代。鉴于佛像种类繁多，从内容呈现到表现方法都自成体系，需要专门研究，本书对此不作特别论述。

与寺庙装饰相比较，民居装饰有以下特点：量小纤巧、题材趋于生活化和民俗化、工艺和取材精简化、风格多样化、表现符号体系化。这些特点共同构建了民居装饰艺术的独特特色与价值。“一件建筑作品，作为整体及其部分，充当一种符号的阐释，它通过我们的感官传达人类相关品质和境遇。”[①]本节主要从符号学的基本视角对甘孜藏式民居装饰艺术的意义表达作一般性说明和案例性解读。

一、民居装饰的内容题材

按照图像学的观点，内容题材所涵盖的范围，就是把某一图像形式识别为现实对象的再现，为“可见之题材”或“艺术母题世界”。对这些题材的逐一列举就是对作品的前图像志描述，对题材的鉴别说明是进一步分析图像内在含义的前提。甘孜藏式民居装饰的内容题材非常丰富，有一套意义明晰、相对固化的视觉符号体系。按照其表现形式可以分为组合图符、主题图纹和抽象符号三种类型。

（一）组合图符

装饰题材的组合图符，指的是固定的搭配模式，即将一定数量的图形或纹样组合成一个整体符号样式，以表达一个系列主题。这些图形或纹样通常是一些动物、植物或器物，因其特殊的价值或性能被藏传佛教作为仪式用品、本尊的标识或身份的标志。最为常见的组合图符主要有：“吉祥八宝”，由宝伞、双鱼、宝瓶、莲花、海螺、吉祥结、胜幢和金轮组成；“七政宝”，由金轮宝、神珠宝、玉女宝、主藏臣宝、白象宝、绀马宝和将军宝组成；“八瑞物”，由铜镜、牛黄、乳酪、长寿茅草、木瓜、白

① 鲁道夫·阿恩海姆. 建筑形式的视觉动力. 宁海林，译. 北京：中国建筑工业出版社，2006：161.

海螺、黄丹和白芥子组成；“七珍宝”，由独角兽之角、象牙、国王耳饰、妃子耳饰、宝贝吉祥轮、三眼珠宝和八枝珊瑚组成；“七供碗”，由分别装上清水、濯水、鲜花、薰香、酥油灯、香料水、食物（朵玛）的七只碗组成；“五妙欲”，由镜子、琵琶、海螺、鲜果、丝带组成；“四方神兽”，由置于建筑空间之四方的大鹏鸟、龙、虎和雪狮组成；“和解图”，由八爪狮（大鹏鸟和雪狮的组合）、长毛鱼（水獭与鱼的组合）和海龙（摩羯与海螺的组合或龙与虎的组合）组成；“六字真言”，由“唵嘛呢叭咪吽”六字大明咒组成；“十相自在”，由七个梵文字母和日月宝焰图有机组合而成。

（二）主题图纹

主题图纹指的是以某个具有独立完整性的纹样为画面主体，或者多个纹样组合为一幅具有场景性的主题画面。在藏式民居装饰艺术中，主题图纹以动物、植物和人物题材居多。动物题材中，常见的有大象、龙、龙众、宝马、老虎、雪狮、鹿、大鹏鸟、塌鼻兽、凤鸟、猫、牦牛、命命鸟、孔雀等，常常被绘制于厅或堂的重要视觉区域。植物题材中，常见的有“四季花”（牡丹、荷花、菊花和桃花），主要绘制于家具的系列门扇或桌椅的各个装饰面。更多情况下是动物、植物和人物的组合，形成主题情景画面，绘制在门廊、大门、内墙等面积宽阔的装饰区域。例如，“六长寿”，由长寿山、长寿星、长寿树、流水、鹿和鹤组成；“和气四瑞”，由鹧鸪（或白松鸡、羊角鸡）、山兔、猴子和大象组成；“吐宝鼠”，由两只吐宝鼠、宝物堆组成；其他还有“蒙人驭虎”“财神牵象”“宝马驮经”“凤凰稚子”“十二仙女”“八仙”“福寿三多”“鹿鹤同春”等题材。在民居经房，常见供奉有精美的唐卡，包含信仰诸佛、高僧活佛、格萨尔王等内容。此外，也有风景出现，一般都是当地最知名的寺庙景观，也有雪山、草原、湖泊等自然风光。

（三）抽象符号

抽象符号，一般为具有独立标识性的规范图形，既可单独使用，又可以重复构成连续辅纹。藏式民居装饰题材中最常见的抽象符号，主要有万字符、十字纹、寿字纹、回纹、云纹、日月符、水纹、如意纹、莲纹、喜旋纹、卷草纹、珠宝纹、牛角纹、火焰纹等纹样，以及璎珞、彩带、蝎子、麦穗、五谷丰登等题材的纹样。由抽象符号组合的连续图案有万字绵长、连珠纹、长城箭垛、莲花叠函等。

需要注意的是，抽象符号、组合图符和主题图纹之间的类型划分只是相对的，有时候表现形式可以相互转化。例如，牡丹、吉祥结、万字符和福寿三多组成的家具四角的角隅纹样叫“几何四祥图”（巴扎苏颂），“吉祥八宝”中各要素也常常单独使用为“吉祥单宝”符号。

二、基本意义与象征所指

以上各种题材既常见又古老。从符号学的角度来看，每一题材的意义都可以从其基本能指延伸至广泛认可的象征意义。象征是藏传佛教文化中一种常见的表现手法，其象征文化构成了一个庞大且复杂的符号与意义解读体系。在绘画所属的“工巧明”领域中，身、语、意三大系统均与象征文化紧密相连。

象征的手法在世界各地运用都非常普及。按照图像学的观点，基本意义属于图像志的描述阶段，应该在知识原典中探寻图纹的来源，而象征意义才是解释的最终阶段。藏族文化在发展的早期阶段就大量使用了象征符号，后来藏传佛教的形成又是在印度佛教的基础上融入了苯教文化和中原文化的相关内容，而在印度，早期的佛教与其他宗教之间又有各种渊源，所以很多题材如何起源、发展和演化已无法确定，有些甚至连称呼也模棱两可。“象征这一传统何时何地开始流传于藏族文化中现在难以彻底考究，但从藏族文化的发展史来看，距今至少已有3900多年的历史。包括藏族文化的根源象雄文化在内，藏族文化的根基苯教文化诞生之前，就已经开始运用象征这一传统。”[①]各种题材流传至今，其象征性已经远远超越其原初意义，传达着各种民俗的吉祥寓意或宗教的特定意义。有些图纹符号存在多种变体，且含义相互重叠和交叉，彼此之间的界限并不十分分明，所以本小节也只能识读其最常用、最基本的意义和象征所指。接下来，我们将从众多藏式民居装饰题材中筛选出具有

① 扎雅·罗丹西饶活佛. 藏族文化中的佛教象征符号. 丁涛，拉巴次旦，译. 北京：中国藏学出版社，2008：3.

代表性的常见图纹来进行认识。

（一）常见题材的意义与象征

1. 吉祥八宝

吉祥八宝，亦称“八宝祥徽”或“八瑞吉祥”，是民居装饰中极为常见的图案组合。吉祥八宝在民居中常常被作为主要内容之一绘制在内墙的重要视觉区域，基本意义是代表吉祥制胜。这八个符号既可分别绘之形成系列（图 3-1），也可组合成形似吉祥宝瓶（达杰朋苏）的整体图案（图 3-2），常常被印制在门帘上，或者被绘制在墙体上。

图 3-1　吉祥八宝（系列图）

图 3-2　吉祥八宝（组合图）

吉祥八宝图案源于前佛教时期的印度，本是古印度国王加冕时的供奉物，后在佛教中被视为释迦牟尼得道时众神所献的供物，后来演变为佛陀的标志或象征其身体各部位的物象，同时也被认为是象征佛法能量的八种物象。宝伞原用于遮风挡雨，后在古印度演化为权贵象征，在藏传佛教中衍变为保护人们免受不祥恶根之侵扰的符号，在民居装饰中有保护居室及其中的人与牲畜不受邪恶灾难之意。双鱼合游，生存力和产子力强，象征自由、幸福、好运及复苏、永生、再生，喻示修行者与佛法自在无碍。宝瓶象征财富，寓意家庭财源广进、善于理财。莲花出淤泥而不染，象征圣洁、纯洁、高雅与善美。海螺原为战神之物，象征勇敢、胜利及佛法的无边传播，既是鼓舞力量和显示权威的象征，又是恫吓邪恶与灾祸的象征。吉祥结带相互穿插、彼此依存、周而复始，寓意佛法通明、因果相连、轮回转世，象征永续、畅行与吉祥。胜幢是佛法战胜一切不和谐和障碍物的胜利之旗，是拥有制欲之法宝的象征。金轮源于持续运动、变化、永远向前的特性，又似运转不息、光芒四射的太阳，象征佛陀教义传播永不停止、响彻八方。

2. 四方神兽

在民居装饰图纹中，常见龙、大鹏鸟、雪狮、虎四种动物同时出现在一方或四方墙面上，周围缭绕的祥云衬托其神圣的地位和威严的仪态，这一组图就是四方神兽，亦称“四胜图”。

在藏族文化中，龙常常象征威严与祥瑞，是护卫佛法的有功之臣，也是众多护法神如水神、风暴神、护宝神的坐骑。在佛经里，龙拥有大量的珠宝，因此象征财富和权威（图 3-3）。大鹏鸟，又名金翅鸟或琼鸟。大鹏鸟人面鸟嘴，两肩有日月之轮，双手擒毒蛇，背身展开硕大的双翼，其镇邪驱魔的作用深入人心（图 3-4）。传说中，雪狮原为青藏高原北方山脉之厉妖，可以跳跃、徜徉、嬉戏、翱翔在众多雪山之间，后转为祥瑞之兽。雪狮能镇百兽，是佛陀的坐骑，也是护佑权力的象征。雪狮在柜子、墙体、房门上应用较多，既彰显威严和权贵，又能辟邪护法（图 3-5）。虎象征力量、无畏、荣耀和威武，是众多神灵尤其是怒相神或好战神灵的坐骑，骑虎象征着大成就者或神灵的无畏及凌驾之意（图 3-6）。四方神兽图符寓意民居及家庭在大自然中受到四方神兽的庇佑，永保平安祥和。

图 3-3　龙

图 3-4　大鹏鸟

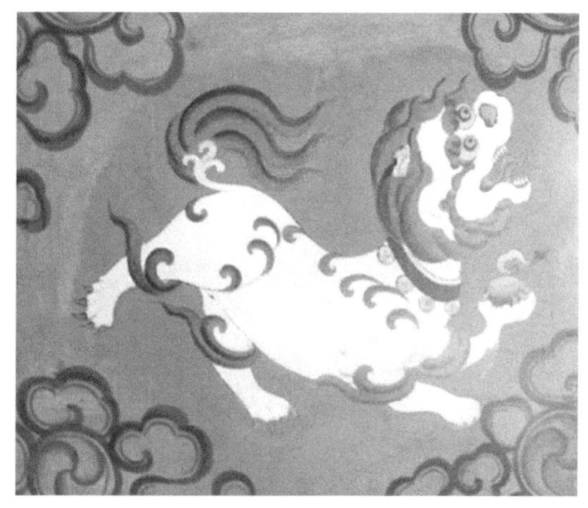

图 3-5　雪狮

图 3-6　虎

3．和解图

和解图，亦称“不战之和”或“异胜图”。许多家庭在客厅墙面描绘着八爪狮、长毛鱼和海龙三种奇异的动物，传说中它们分别是两种敌对动物结合的后代。

八爪狮有大鹏鸟的头和翼、雪狮的身体（图 3-7）。大鹏鸟为天界之主，狮子为地上之王，其结合象征天地和合。有时也会用龙头虎身的异兽图，象征山水两界之王的和合。

图 3-7　八爪狮

海龙（也叫“水怪”）是海螺的壳与摩羯之身的结合（图 3-8）。摩羯是韧性和力量的象征，而坚硬的海螺是摩羯不可战胜的天敌。摩羯本身集多种动物特征于一身，包括鳄鱼的头和皮、野猪的獠牙、大象的鼻子、马的鬃毛、鱼的鳃和卷须、鹿和龙的角，在佛教中是水神和河神的坐骑，常用于寺庙屋顶滴水檐装饰。藏式民居也使用它作为屋檐装饰，取其镇水避灾的作用。

图 3-8　海龙

长毛鱼则融合水獭之体、鱼之首尾，而水獭本身就是鱼的天敌（图 3-9）。

图 3-9　长毛鱼

传统意义上互为敌对的兽类结合而生，寓意不战之和，其图像化运用象征着对抗一切不和谐事物的胜利。这组图用于民居建筑，暗示家庭矛盾的可调和性和家庭关系的和谐一体，倡导家庭成员应相互包容、理解。

4. 和气四瑞与六长寿

和气四瑞由大象、猴子、山兔、鹧鸪（或白松鸡、羊角鸡）和菩提树组成（图 3-10，左下角）。四瑞兽呈金字塔状排列，体量越小年龄越大，年少者承载年长者：大象负猴，猴托兔，兔载鹧鸪，鹧鸪仰望菩提树并摘果。在古老的印度神话传说中，它们按年龄排序，年少者尊重年长者，共育菩提树，分享灵果，使地方安宁，人寿年丰。和气四瑞寓意家庭团结和睦、长幼有序、互助互爱，故受藏族百姓喜爱，常用于民居装饰。图 3-10 中，和气四瑞与和解图、福寿三多并存，传达多重吉祥之意。

六长寿由长寿山、长寿星、长寿树、流水、鹿和鹤这六种象征长寿的吉祥灵物组成（图 3-11）。高耸入云的长寿山上源源不断地流下清洌甘泉，银须舒展的老寿星在根深叶茂、花果满枝的

图 3-10　和气四瑞、和解图、福寿三多

图 3-11　六长寿

长寿树下坐禅冥想，温顺的鹿、鹤亲近其身，反映了人与动物、植物、山水和谐共处、长生不老的永恒祈愿。受汉地绘画风格的影响，老寿星常常被绘制成额头饱满、充满智慧的模样。六长寿图或单独绘于门、墙、桌、容器上，或与和气四瑞相对应，绘于内院门廊，寓意家庭敬老、尊老、孝老之传统。

5. 蒙人驭虎和财神迁象

有些富裕家庭的民居会修建院落门庭，并喜欢在门庭内外墙体上绘制蒙人驭虎与财神牵象图。蒙人驭虎描绘的是高大威武的蒙古族男子用铁索牵着一头色彩斑斓的猛虎，他直视猛虎、怒目圆睁，寓意祛除一切灾祸与不祥（图 3-12）。关于此图的意义，有多种说法。常见的一种是，它象征着蒙古族将领固始汗战胜强敌第悉藏巴政权，后来进一步引申为抵御瘟疫和战争、调伏放荡不羁的心性，还有权势与高贵的寓意。财神牵象又称“牵象行脚僧”（图 3-13）。行脚僧为印度人形象，据传是圣主婆罗门相或财神毗那夜迦之化身，以大象为坐骑。他牵着一头驮满七珍宝盘

图 3-12　蒙人驭虎

图 3-13　财神牵象

的大象，面向里屋行走，象征招财进宝。通常，藏式民居将蒙人驭虎绘于门庭外墙，以彰显威力驱邪；而将财神牵象绘于内门，寓意平安招财。这两者均体现了居住者的基本愿望。

6. 六字真言与十相自在

藏传佛教将“唵嘛呢叭咪吽”视为经典之源。这六字真言源自梵文，不仅被藏族民众口耳相传，更被书写成符咒，刻印绘制于各类物品之上。人们相信，将其佩戴于身、持握于手、安放于家，能消灾积德、延年益寿、功德圆满。在民居装饰中，六字真言常常被绘制在檐枋、梁枋、天花板、门框和家具上方。刻于石板上的六字真言被称为“玛尼石”，常被安放于房屋门墙高处或镶嵌于墙体表面（图 3-14）。甘孜州石渠县的“玛尼城”便是用玛尼石堆砌而成。有时，仅取其首字作为六字真言的象征，与其他吉祥图纹组合装饰（图 3-15），祈愿发挥多重吉祥功效。据传，六字真言又源于苯教六字密咒。“苯教六字密咒的首字，实际上表达了藏族一种独特的空间和宇宙观念。首先它具有神圣意义的方位性和向心性的开放空间，是雪域先民们心目中的一个理想环境。藏式碉楼建筑，就是这种向心式空间构造意识的典型体现。”[①]

图 3-14 石刻六字真言

图 3-15 组合于图纹的六字真言

① 刘志群. 西藏祭祀艺术. 石家庄：河北教育出版社，2000：117.

十相自在是由七个梵文字母和日月宝焰图紧密穿插、有机组合而成的神圣图符，常用红、蓝、白、黄、绿五种颜色填写，结构紧凑独立，既具可识性又具装饰性。十相自在即命自在、心自在、资具自在、业自在、解自在、受生自在、愿自在、神通自在、智自在和法自在。十相自在图常置于多宝塔内，下托莲花宝座（图 3-16）。其标志着密乘本尊及其坛城和合为一的时轮图形，是集藏传佛教修持三界及世间一切精华于一体的象征，意指能令十个方位与日月、时辰组合的宇宙时空一切自在。十相自在常被放置在屋顶、檐下、墙体上部、帘饰上部等较高位置（图 3-17），寓意威震各方妖魔鬼怪，以确保住宅消灾免祸、逢凶化吉，庇佑居住者身心安康、去处通达、所求如愿。

图 3-16　十相自在（内墙）

图 3-17　十相自在（外墙）

7. 日月符与万字符

太阳和月亮是佛教艺术中重要的星相象征符号。在甘孜藏式民居装饰中，常见由上部圆日与下部弯月组合而成的日月符。六字真言首字和十相自在的上端就是日月符，它常被当做整个咒语最简洁的代表，在建筑、服装、面具、山岩、经书等物上都有体现。有些日月符上面还有象征天界的火焰，敷色后呈现为金色太阳、白色月亮与蓝色火焰，合称日月宝焰。一些民居墙上同时绘制日月符与万字符（图 3-18）。

图 3-18　万字符、日月符

万字符在整个藏族装饰图纹中的应用极为广泛。据王克林先生研究，万（卍）字符在中亚、东亚的早期文明都有不同程度的发现和应用。[①]在藏族文化中，该符号最早可追溯至距今 3000—1000 年前的藏北岩画。随着佛教的传入，该符号在藏传佛教、苯教和民间信仰中都可普遍见到。万字符单独使用时常作为外墙、窗格、门饰，更多情况下是作为二方连续边饰（图 3-19）广泛使用，变化异常丰富（图 3-20）。目前对万字符的最初意义存在很

① 转引自：王金元. 论“卍”字符美学意蕴的历史流变. 西北师大学报（社会科学版），2022（1）：127-134.

图 3-19 万字边饰

图 3-20 万字的变体

多解释，如代表太阳、风、火或图腾等。传统上，佛教万字符顺时针旋转，意为“坚不可摧”；苯教万字符逆时针旋转，称“雍仲”，象征“永生或不变”。事实上，在具体装饰中，两种并不严格区分，有时在同一民居中两种都会出现，体现了佛教文化与苯教文化的融合。藏族人过新年时喜欢用白石灰于门外画上万字符，以示吉祥如意、驱逐病魔、抵挡邪恶；修建新屋时，画万字符于房基地，意谓坚固耐用；在家具上绘制各种万字连续花纹，意为绵延不断、长命富贵；婚仪中新郎新娘坐在藏毯中央用青稞或麦子拼成的万字符上，意为阴阳结合、鱼水共欢、白头偕老。总之，万字符象征着永恒、稳固、长存、和合、永生。

8. 连珠纹与牛角纹

在藏族地区，民居屋檐、窗檐、门檐的短椽木外端切面常被刷白，形成连珠纹。无论切面是方形还是圆形，皆以绛红色为背景，白色椽木有规律地排列，远观之下，宛如建筑上镶嵌的一串串白色佛珠，成为藏式建筑景观中亮丽的节奏点缀。尤其在道孚、乡城等地，这里的传统民居建筑体量大且厚重，一排排白色连珠纹显得分外耀眼，富有律动感和设计感（图 3-21）。事实上，连珠纹是佛教文化中最基本的视觉符号元素，通过装饰与建筑结构的巧妙结合得以彰显。

牛角纹，又称“牛脸纹”，常用于窗套和门套的装饰。在甘孜州的很多地方，紧贴门窗的外墙绘有牛角式样的梯形框饰，其

图 3-21　檐下的连珠纹

视觉动感，十分醒目，从建筑外观强化了彩绘门窗装饰工艺的精致与细腻。由于各地风俗不同，牛角纹一般有黑色、白色、绛红色三种，形状上也略有差异。例如，雅江民居的窗套多为白色尖角形，部分采用绛红色，而乡城的窗套一律为黑色梯形。这些牛角纹的总体形状都为上窄下宽，与整个碉房的外部造型相协调。还有一些民居，在进户门的门头上方中央放置一带角的牛头骨，下方镶有佛龛。牛角纹源自藏族人民对牦牛的崇拜。在青藏高原，牦牛既是高原之舟，又能为人们提供牛奶、酥油等食物；牛毛经编织后可做毛毯、卡垫、帐篷等基本生活用具，十分结实耐用。藏族人民将牦牛人格化，赋予其任劳任怨、沉着稳重、安于奉献的品格。而牛角的坚韧既能对抗来敌，又象征永固不化，因此被视为避邪化灾的吉祥之物（图 3-22）。

图 3-22 外墙的牛角纹

9. 长城箭垛与莲花叠函

长城箭垛与莲花叠函是藏式民居门窗边饰中最常见的两种二方连续图案，它们常常固定搭配、形成组图（图 3-23）。

图 3-23　长城箭垛（左）与莲花叠函（右）

长城箭垛有多种变体，但大致都是由一正一反的“工”字或“回”字构成，形成图底共生、正反相扣的巧妙组合，因其连续的形状像长城方形墙垛而被称作长城箭垛或长城纹。这一图形蕴含着正反两面相辅相成、阴阳相合、有无共生的深刻哲理，象征着这一意义绵长不断、永续发展。

莲花叠函通常以雕刻加彩绘的形式出现，它由三层以上的莲花连续纹构成一组，包括盛开的三角形莲花和具象的弧形莲瓣。这组图形在藏语中被称为“白玛曲杂”，是约定俗成的一组图式，在具体运用中不能错位。其上部层层叠叠、凹凸有致的方格象征着叠起的佛经经卷，下部平绘的莲瓣象征托起经卷的圣洁莲花。作为民居建筑内外空间场所的贯通部位，门和窗被赋予了护内御外的特殊意义。这一组图强化了门窗的视觉效果，凸显了门窗在民居装饰中的重要地位。

10. 吐宝鼠与摩尼宝

在大门内墙、房间储物柜、厨房灶火墙等空间，经常绘制有一对吐宝鼠及其间宝物堆的情景（图 3-24）。据传吐宝鼠是财神的化身，生活在海洋中，为八大龙王的眷属，天、人、龙三界所有的宝物皆出自吐宝鼠之口。无论它吞噬何物，皆能化为宝珠从口中吐出，象征着财食丰盈、受用不竭，与中原民间传说中的神兽貔貅有异曲同工之妙，都寓意储藏、慷慨、财富和成就。将其画在储物柜和灶墙上，寄托了居住者善于聚财且生活无忧的美好愿望。

图 3-24　吐宝鼠

在各类珍宝中，摩尼宝是最常见的图符之一，又被称作“喷焰摩尼”或“如意火焰宝”。除了作为七珍宝符号之一出现，摩尼宝还常独立作为主题图纹占据重要位置（图 3-25 中间）。其基本造型为三颗或六颗一组的宝石重叠成塔冠形，不同的色彩表示宝石的多个面向；宝石底部有莲花座，上部线条由内而外向上喷张成熊熊燃烧的火焰。摩尼宝象征着无尽的能量与万丈光芒，据说它能普照须弥山四大部洲的所有苦难众生，解除其病痛、灾难和贫穷，并给家庭带来平安如意与财运兴旺。在藏传佛教中，三颗宝石象征着佛、法、僧三宝，也代表着一切佛的身、语、意，这是修行者必须掌握的基本学问；而六颗宝石则象征着由六大因缘和合而成的宇宙本体及现实事相。火是古老能量的来源，是生存和不灭的象征。鉴于当地冬季气候寒冷，尊火敬火是藏族古老的习俗。每个藏族家庭都有一个象征家庭保护神的火塘，凡是乔迁新居都要举行庄严隆重的点燃新火仪式。火与太阳和光明紧密相关，因而喷焰摩尼成为光芒力量及威吓、战胜一切邪恶、黑暗和阴霾的象征。

图 3-25　摩尼宝、吐宝鼠、吉祥八宝

11. 供灶神物

厨房因常年受烟熏火烤，墙面往往布满了黑色的油烟。每当新年将至，主人便会用拇指蘸上白面粉或糌粑粉，在房门、四面墙壁及火塘周边的梁柱上绘制吉祥图案，以此作为除旧迎新的简单仪式。一般五谷丰登、万字符、麦穗、蝎子、吉祥八宝、摩尼宝、猫等题材，都是敬奉灶神的（图 3-26—图 3-28）。灶神虽无具体形象，但居住者相信它依附于某些固定位置，如灶台上方的墙壁或厨房中央的梁柱上。五谷丰登图案或为抽象的点状三角塔形，或为相对具象的切玛图案，象征着来年庄稼的丰收，祈愿谷物堆积如山；蝎子则据说象征龙女，同时作为五毒之一，具有避邪的寓意；在甘孜州的南部地区，灶壁上常绘有猫的形象，在当地传说中猫是高僧大德转世的化身，曾受邀灭鼠护教，因此被视为祥瑞之物，并被赋予祈财消灾的神位加以供奉。有些厨房里，吉祥八宝、摩尼宝、吐宝鼠、七珍宝、财神等多种宝物纹饰以并置罗列的方式被堆塑或绘制在灶壁上（图 3-25），凸显该区域的特殊地位。饮食乃生存的第一需要，厨房是提供食物之地，因此所绘图案都是祈求谷粒满仓、食物丰盛、财运昌旺、除毒灭害等保护生存所需的相关形象。

图 3-26　万字符

图 3-27　财神、摩尼宝

图 3-28　五谷丰登

12. 其他辅助纹样

甘孜藏式民居装饰中还有许多其他常见的纹样，它们以连续边饰、角隅纹、底纹或系列符号的形式出现，如山水纹、云纹、十字纹、如意纹、卷草纹（图 3-29）、寿字纹（图 3-30）等。

卷草纹是甘孜藏式民居装饰艺术中一种典型样式，其原型为大自然中繁殖力极强的藤蔓植物，其 S 形螺旋卷须可以顺延伸展和翻卷，衍生出无数新的优美形态，成为自由和永无止境生命力的象征。藏语称卷草纹为“其那日莫”，意为装饰之王。

在装饰柱或门扇的下方常见山水纹，高耸的山峦底部伴有层叠的海浪和祥云（图 3-31），类似汉文化中的海水江崖纹，皆有永固恒久的寓意。山水纹上往往有升腾的龙、大鹏鸟、凤凰、仙女等神人瑞兽作主纹。藏族群众尤其敬仰神山圣水，每一座神山、每一条河流和湖泊都被赋予神格化的力量。他们普遍认为，神山

图 3-29 卷草纹

图 3-30 寿字纹

图 3-31 山水纹

是具有保护力量的护法神，那里住着先民领袖和英雄之灵，也是佛众和菩萨的住所。水被视为生命之源，很多河流、泉水、湖泊被奉为母亲河、圣泉、女神之湖，并赋予其生动美丽的神话传说。

对云的敬仰与对天和佛的崇拜紧密联系。所有佛众皆乘云而来，伴云而去，因此祥云成为了佛的使者和象征。在装饰画面中，常见白云烘托着高耸的雪山，簇拥着空中的祥龙与大鹏鸟，也为地上的雪狮、虎、象和水中的摩羯增添了无限祥瑞之气。大多数情况下，祥云与如意、彩带、卷草、莲花、香雾、海浪、宝石等物象在造型上高度融合，形成了如意云纹、彩云丝带、卷草云纹、莲花云纹等符号式样。云纹成了装饰题材中最容易变化的基本要素，其应用可分离、可组合，其造型可纤长、可圆润，其姿势可舒卷、可安详，因而在装饰图纹中，云纹作为辅纹和二方连续边饰的应用最为普遍。这些图纹的可变性和灵活性，充分体现了我国民族装饰艺术的丰富性和创造性。

（二）色彩的象征意义

以上所述的各种甘孜藏式民居装饰的内容题材，仅列举了最常见和最典型的部分，并对其基本意义和象征所指进行了阐述。题材作为内容意义的初级范畴，不仅规定了形态的基本特征，还赋予了色彩特定的文化属性。在甘孜藏式民居装饰艺术中，不同的题材往往与不同的色彩相对应，许多色彩都承载着特殊的用法和象征意义，这从另一个角度丰富了装饰艺术形式的文化内涵。

藏式民居的屋檐、窗檐、门檐、屋顶和附近的河畔、树林、桥头、山坡上常插有十分鲜艳的五彩经幡（图 3-32，图 3-33）。五彩经幡的蓝、白、红、绿、黄五种颜色分别象征天空、祥云、火焰、河流和大地，其所对应的神兽为蓝色的雄鹰、白色的雪狮、红色的黑斑虎、绿色的玉龙、黄色的宝驹。一些学者认为，五色经幡不仅包含了宗教文化因子，还吸收了中华民族古老的五行说，五色分别对应着五行，这反映了其为多民族文化交融发展的产物。在藏式民居装饰图纹中，色彩的运用既有对色彩的规范传承，也有相对自由的发挥。家庭成员的色彩喜好和画师的色彩运用偏好共同作用于民居装饰色彩的选择，并最终形成独特的风格。

图 3-32　五彩经幡（房前）

图 3-33　五彩经幡（山上）

五色的象征意义，深刻体现了藏族群众的宇宙观、宗教审美观、社会价值观。以白色为例，在藏历新年之际，每家每户都会在房屋的墙面和梁柱上点绘白色吉祥图案，这些图案如同天空中的点点繁星，使得室内熠熠生辉。在甘孜州的许多地方，民居的外墙也以白色为装饰，或是刷上竖条纹，或是画上吉祥符号，或是修饰屋檐，或是在屋顶四角安放白石，甚至有些房屋整体都被涂成白色，如乡城的白色藏房便是典型代表。每年传召节前，家家户户都会到山里挖掘当地特有的白色阿嘎土，将其捣碎搅拌成白色土浆，从屋顶墙头慢慢浇注至覆盖墙体，使其焕然一新，呈现出亮白的色泽。藏族百姓将阿嘎土看得珍贵而神圣，正如他们在夯打阿嘎土时所唱的歌谣：阿嘎不是石头，阿嘎不是泥土，阿嘎是深山里莲花大地的精华。阿嘎土不仅让墙体美化洁净，还有防水防裂、坚固墙体之功能。一切思想认识，都来源于客观的存在。康巴的历史英雄格萨尔王所在的部落被称为“白岭国”，反映了其曾生活在白雪皑皑的群山之间。人们仰望着雪山之巅的白色云朵，喝的是白色的牛奶和酥油茶，穿着由白色羊群提供的暖和皮袄，居住在白色的帐篷里，采摘着洁白的雪莲等大自然赐予的物质，这些都与他们的生存需求紧密相连。康巴人称心地善良、真诚坦荡的人为“桑巴嘎尔波”，意为心灵洁白的人。因而，白色从自然现象到神性崇拜，再延伸至人格理想，已经成为一切高尚、圣洁、善良、祥和、美好的象征。此外，藏族群众认为黄色有华丽、高贵、笃诚之意，又是圆满、成熟、忠实、智慧、福泽广大的象征；红色代表火与阳光，是热情、权力、文韬武略、智勇双全的象征；蓝色寓意着勇敢和正义；绿色则寓意阴柔平和，象征着生命的力量和恩赐。

在彩绘装饰图纹中，每一种色系的象征意义与上述五种基本色相关，色彩纯度越高，其象征意义就更为明确。《彩绘工序明鉴》中充分说明了色彩的象征来自对自然的观察和理解：“蓝色类是天空的固有色。青灰和肉蓝色是空中的固有色，蓝靛色亦与此相同。大玉和绿色类是土地的固有色。浅绿、青绿、黄绿类是阳面山坡的固有色。刺柏色、玉色和淡蓝色是阴面山坡的固有色。”[①]此外，作者还将色彩的搭配关系与人和自然之物作比，如白色是色之“母”，复合色均由她而生；褐色是色之“祖母”，涂到任何地方都适合，使邻色光泽而鲜明；橘黄色是“比丘尼”，与任何颜色相配都增添光彩；金色条纹是颜色的“月亮”，由于它的升起可使夜晚变白天；胭脂红是颜色的“油脂”，涂到哪里就使之柔润光亮。[②]可见，色彩的象征意义不仅蕴含着深厚的文化属性，还可以从视觉感知所引发的经验联想中

① 门拉顿珠，杜玛格西·丹增彭措. 西藏佛教彩绘彩塑艺术：《如来佛身量明析宝论》《彩绘工序明鉴》. 罗秉芬，译注.北京：中国藏学出版社，1997：61.

② 门拉顿珠，杜玛格西·丹增彭措. 西藏佛教彩绘彩塑艺术：《如来佛身量明析宝论》《彩绘工序明鉴》. 罗秉芬，译注.北京：中国藏学出版社，1997：67.

获得，这一特性无疑增添了色彩象征意义的感性韵味。

三、图像文本的意义解读

以上所述，对甘孜藏式民居中常见的装饰题材及基本色彩进行了意义阐释与象征浅析，而其中每一类图像文本都有深层的意义可探究。无论是符号学还是图像学，可借为所用的只是理论和方法，而不是某种具体的知识。尤其是图像学，在众多学科中，其显著特点在于对图像文本意义的挖掘，使其成为解释美学的重要部分。其中，潘诺夫斯基所构建的理论体系最为完整，影响力最大。他提出了艺术母题世界、故事和寓言世界、象征世界三个层次构成的图像阐释框架，这三个层次由浅入深、逐层推进，充分展现了解释本身就是一种意义的审美生成。

（一）图像的三个层次意义

图像学的第一层次被称作为“艺术母题世界”，属于前图像志描述阶段，接近于形式认知，主要解答“是什么物”的问题；第二层次为约定俗成的题材，即在由母题所构建的图像组合中呈现的故事和寓言世界，是对图像内容的事实性查明，旨在说明“此物的来源与特性”，属于图像志分析阶段；第三层次则指向作品的内涵意义或内容，构成一个“象征”的世界，属于图像学的解释阶段，主要对此物反映出的隐含信息意义进行解释。

在甘孜藏式民居的装饰图纹中，塌鼻兽纹（图 3-34）十分常见且具有特殊地位，下面借助图像学的理论方法对其进行意义的逐层解读，以帮助读者更好地理解藏式民居装饰图纹所具有的多重内涵。需要指出的是，以下解读内容仅为个人见解。

图 3-34　塌鼻兽纹

1. 艺术母题世界

塌鼻兽在藏语中多被称为“吉郭”或“其那日莫”，梵文名为“Kirtimukha”。在藏式民居中，它常被彩绘于室内客厅或经堂中心木柱顶端的雀替部位，面朝门槛，呈俯瞰姿态。有书籍将其译作“狮子脸”“狗鼻纹”，藏族老百姓也常称其为“四不像”“水神”“龙纹”等。多数人认为它属于藏传佛教中的龙众之神。

按照潘诺夫斯基的图像学观点，当观者本能地识别出这一图形所代表的物体时，便已超越了纯形式知觉（色、线、体积的组成）的界限，进入了题材或意义的第一领域。在此领域，观者会对这一物体形成基本认知：一张无下颌的龙脸或狮子脸，头上长角，脸旁一双人手紧握插在口中的卷曲饰杖，口含珠宝。这种第一视觉认知属于“事实意义”层面，即只要把某些所见形式与实际经验中的某些事实对象等同起来，便可以悟到基本意义[①]。这是把纯形式（造型轮廓、艳丽色彩、材质肌理）看成是兽脸、兽角、人手、卷草、宝珠等自然物象和题材的再现过程，形成了艺术的母题世界。不仅如此，从观者的心理出发，这一图形还会引发某种程度的怪异感或敬畏心理，这样的现象被称为“表情意义”，是对图像的初步心理感受。事实意义与表情意义共同组成了图像的第一层次意义，两种意义均属于观者对实际生活经验中所熟悉的事物及感受的一种映射。观者初见这一图像时基本停留于这层意义的识读。

2. 故事和寓言世界

如果观者通过某种方式知道这一图形是佛教神话故事中的某个角色，那么就能理解出完全不同的内容意义。据英国艺术家罗伯特·比尔对该图像来源所作的故事性描述，“Kirtimukha”源自《室健陀往世书》神话故事中的恶魔宿王，是在湿婆慧眼发出的火焰中生成的。它怂恿其恶魔朋友罗睺去引诱湿婆之妻雪山神女。湿婆得知此阴谋后勃然大怒，从其慧眼中又生成另一个凶残恐怖的魔。该魔飞快吞食罗睺。惊恐万分的罗睺乞求宽恕，湿婆最终接受了他的忏悔。饥肠辘辘的凶魔失去了自己的猎物，只得

① 贡布里希. 象征的图像：贡布里希图像学文集. 杨思梁，范景中，译. 上海：上海书画出版社，1990：414.

自食其身直到只剩下头颅。湿婆对凶魔的力大无比感到欢心，将他的脸命名为“荣光之脸”，命它永远担当自己门槛的守护神。[①]民间还有多种传说，都描述了这一形象产生的过程和原因。虽然故事情节有所不同，但结果都指向这一怪异形象的来源。在这个意义层面上，艺术母题的组合与特定内容被联系起来，形成了有主题的图像、故事或寓言，并通过它们传达了一个可以具体想象的虚拟世界。因此，故事将母题置于特定的情景之中，使观者能够展开关于埸鼻兽形象生动的、有根据的情节联想。这层意义的性质已经超越了第一层次的感觉和知觉层面，变得可理解。这种理解的来源通常是原典知识或相关传说，具有图像志分析的基本特点，即只进行描述和分类，不作进一步的解释，但为进一步的解释提供了可靠依据。“这种分析的前提是，我们要熟悉原典中记载的各种特定主题和概念，无论是通过有目的的阅读还是通过口头传说来获得这种知识。”[②]关于“Kirtimukha”的故事让观者了解它产生于哪一类故事，属于什么角色，具有什么样的个性特点，经历了什么过程，以及为何具有这样的形象，等等。借助原典文献或传说，观者得以确定这一图像的出处和来源，从而从第一层次的“观看”内容转变为了“知道”内容。

3. 象征世界

图像学研究主要在这一层次进行，潘诺夫斯基称其过程为“解释艺术中的难解之谜”。社会群体的思维方式、世界观、人生观、价值观、道德观等会被无意识地融入绘画中，穿透这些因素作出解释是图像学的最终目标。埸鼻兽纹的广泛运用，实际是藏传佛教文化在民间生活中的具体表现，它作为典型的视觉象征符号，涵盖并传递了宗教与民间交织的多重象征意义。“要领会这种意义就得对那些揭示了一个民族、一个时代、一个阶级、一种宗教或一种哲学信仰的基本态度的根本原理加以确定。”[③]毋庸置疑，

① 罗伯特·比尔. 藏传佛教象征符号与器物图解. 向红笳，译. 北京：中国藏学出版社，2007：84.

② 贡布里希. 象征的图像：贡布里希图像学文集. 杨思梁，范景中，译. 上海：上海书画出版社，1990：418.

③ 贡布里希. 象征的图像：贡布里希图像学文集. 杨思梁，范景中，译. 上海：上海书画出版社，1990：416.

装饰的主要功能在于美化居室，但对装饰内容的选择却是文化作用的结果。文化和居住者之间一定满足了某种供需关系。首先，塌鼻兽纹通常出现在非常醒目的梁柱这一装饰中心部位，一般面对门和窗户。在藏族原始信仰中，梁柱有其神灵，但神灵没有具体的形象，而是附着在某些相关的可见物体之上。塌鼻兽是以恶制恶的象征，其主要功能是镇邪避灾，被视为建筑空间的保护神，所以被赋予了吉祥的普遍象征意义。塌鼻兽又被认作“狮子脸”，是因为它融合了狮子的金色头部造型特征。狮子在古印度和早期佛教中被视为君权和护佑的象征，因此具有狮子头部特征的塌鼻兽也被称作“帝威之脸”或“荣光之脸”[①]，在藏传佛教符号体系中具有较高地位，代表着佛性与威严。在藏族民间还有一种说法，认为该纹样融合了藏獒的特征，因为狮子并不是青藏高原的产物，而藏獒才是与他们生存息息相关的动物，备受喜爱和尊崇，所以该纹样也被称作“狗鼻纹”。口含珠宝或吐露珠帘是塌鼻兽纹的基本式样特征。对于这点，居住者也有自己的理解。有人说它吞进珠宝，代表着从外界聚纳财富；有人说它吐出珠宝，而能将财宝施舍于他人就是富有的象征。显然，塌鼻兽张开大嘴的形象还表明它具有招财进宝、贮存财富、用之不尽的寓意。以上几种解释既源于对传统图像志的描述，也有主观的现实性演绎，将“威严”“荣光”“镇邪”“聚财”“吉祥”等概念与现实需求联系起来，使塌鼻兽纹具有了多重象征意义。“对藏族人来讲，象征符号是一些用来提醒我们内在和外在之间联系、精神和物质表现之间的联系的标志，以帮助我们清楚地认知它。”[②]

此外，从甘孜藏式民居装饰空间对塌鼻兽纹的普遍选择和应用，还可以获得以下认知：其一，在信仰藏传佛教的广大民间，图像已成为一种符号语言，被用于传达宗教内容，为居住者提供一种直接的信仰体验。这种视觉感知作用于现实生活，反映了藏族群众的宗教价值观，并深刻影响着他们对生命、生活和美的认

---

① 罗伯特·比尔. 藏传佛教象征符号与器物图解. 向红笳，译. 北京：中国藏学出版社，2007：84.

② 扎雅·罗丹西饶活佛. 藏族文化中的佛教象征符号. 丁涛，拉巴次旦，译. 北京：中国藏学出版社，2008：12.

知态度。其二，装饰纹样从寺庙走向民间，这一过程不仅体现了宗教艺术的程式化和普及化现象，也说明了民间生活对宗教的需求。装饰纹样题材在民间保留了最常见的象征符号，并赋予其更为现实的内涵，体现了藏族群众根据生活需求选择传统，并地域化、个性化理解符号意义的主观能动性。可见，从宗教原初意义到民俗的实用功能，图纹的象征内涵在不断丰富和发展。

不仅如此，对塌鼻兽纹象征意义的追寻，可以从不同的角度进行深入挖掘与延伸。例如，从造型到功能，它与中原青铜上的饕餮纹貌似神合，二者在历史文化的早期是否存在某种关联？潘诺夫斯基图像学理论的第三层意义，实际上是“理解”“推理”“演绎”内容的过程，不同于前两层的“观看”和“知道”。他认为，这需要以一个人的“综合直觉资质”结合一定的文化素养，才能对作品进行深入解释。事实上，众多因素融合于一体，隐藏于具体图像之中，不同的人对于图像的理解也是复杂多样的。“艺术作品作为象征，形成巨大的‘解释学空间’，几乎具有无限收摄的能力，它向思想深邃的理解者发出呼唤，使之沉浸在与存在本身觌面的欣喜之中。”[①]然而，对于大多数藏族百姓来说，图像的层次意义并不明确，只能从整体识别上来理解其吉祥如意的象征所指，甚至有些人不知道它究竟是什么，便按照自己的想象为其取名。然而，正是这种附加意义的解读与投射，才使得图像鲜活起来，这也正是图像解读的真正价值所在。

（二）图像解释的有效性与局限性

从以上对典型纹样的分析过程可以看到，图像学研究的目的是力求用科学的系统方法对图像意义进行多维度的文化解读。以甘孜藏式民居装饰中的塌鼻兽纹为例，从题材识别到故事来源，再到象征意义的世界，或多或少触及藏族群众的审美认知、价值观念、思维特点等意识形态层面。这种层层剥离、逐步深入的图像学方法较为适应对宗教类装饰绘画的内容解读，因为这类图像具有明显的历史风格与文化特质，主要体现的是绘制内容的传承性和文化共性，而并不强调画师的个性和主观性。其意义的稳定

① 王岳川. 艺术本体论. 上海：上海三联书店，1994：96.

性使得解读者更能客观地把握，这也充分说明了图像学方法在此类研究中的有效性。

然而，随着现代艺术的兴起，人们开始认识到图像学方法的局限性。主要原因在于：图像学的象征意义在后来的各种解释运用中往往被加以过度解读。因为解释本身反映的是读者对客体的认识和理解，难免带有主观性和创造性，这就增加了意义的不确定性和难以捉摸性。潘诺夫斯基本人也认识到图像学的不足："无论我们移向哪个层次，我们所作的鉴别与解释都有赖于我们的主观素养。"[①]因此他不得不在每一层次分别运用风格史、类型史和文化象征史来控制解释的客观性和正确性。针对这种状况，英国艺术史家贡布里希的看法更为深刻，他认为任何解释本身不但是有限的，而且是可以批评可以反驳的，"我们不应该固守我们的见解，而应该在沉思中超越它"[②]。尽管解释存在局限性，但各个学派在坚持自己观点的同时，都将相关领域推向了探索研究的极致水平，这是帮助我们充分理解藏式装饰艺术内在意义的必由之路。

如今，事物发展规律的辩证性已被普遍认识。各门学科发展至今，已经展现出较为开放和包容的态度，"任何评论家（在任何特殊时期）都不能完全对形式、内容之争作出解答，而是根据不同的艺术作品，选择最合适的美学思想进行分析"[③]。藏式装饰艺术作为艺术本体，虽然具有形式和内容两个方面的含义，但装饰纹样本身是这两者不可截然分割的整体，因为形式本身就蕴含着意味与意义。因此，将形式分析与图像学有机结合起来，也不失为研究艺术作品切实可行的方法。然而，藏式装饰艺术不只处于静态的时空环境中，同时还经历着动态的发展演变，每一演变的过程都和不同时代的理解者相关。我国著名美学家王朝闻先生认为："任何一种审美理想，都可以从其产生的社会条件得到

① 欧文·潘诺夫斯基. 视觉艺术的含义. 傅志强，译. 沈阳：辽宁人民出版社，1987：47.

② 贡布里希. 象征的图像：贡布里希图像学文集. 杨思梁，范景中，译. 上海：上海书画出版社，1990：10.

③ 理查德·豪厄尔斯. 视觉文化. 葛红兵等，译. 桂林：广西师范大学出版社，2007：36-37.

说明，就一定民族、一定时代，一定阶级的审美理想来说，都有其普遍性的一面，都可以从其所反映的社会存在中找到衡量它的客观标准；同时审美理想既然随着社会实践的发展和社会存在的不同而发生变化和相互区别，因而也就不存在什么永恒不变的、绝对的标准，而只能是历史的具体的标准。”[①]

解释学、符号学和图像学理论的产生，正是在特定历史时期针对特殊艺术类型的有效解读方法。在新的历史时期，藏式装饰艺术面临着从传统走向现代的转型，无疑又被赋予了新的含义。因此，对藏族群众如何根据时代变化理解传统民居装饰艺术、在新的居住空间如何选择装饰的形式与风格、如何传承与利用等新的问题，仍有待进一步考察研究和客观看待。即使如此，借用解释学及其相关理论方法来理解藏式装饰艺术，仍然具有其独特的价值和意义。

第三节　内容折射的观念形态

装饰的真正价值，在于构建了一种客观存在且蕴含特殊意义的文化空间，满足了居住者的主观需求。作为人造物的装饰艺术的真正受益者是居住者。他们喜爱、选择和接受这种形式，并在不同程度上理解、想象其含义。这一过程，实际上是对装饰艺术作品的激活与再创造，使其成为具有特定意义的存在。“每一件装饰艺术品，都是一种标志，其作用是向我们的眼睛解释某一对象、某一情境或某一事件的特征。它还能够产生出一种心境、向我们解释一种工具、一套家具、一个房间、一个人或一种典礼的等级和存在的理由。”[②]主体需求与客体存在在这里合而为一，二者必然存在着某种契合性。这些决定居住者与装饰艺术之间达成无碍理解的东西，就是其共有的文化属性，而思维方式与价值观则是文化属性的深层内核。

关注存在与本质、存在与思维的统一，是本体论的两大基本问题。以价值作为本体研究，是艺术本体论的当代形态。因为价

① 王朝闻．美学概论．北京：人民出版社，2005：94.

② 鲁道夫·阿恩海姆．艺术与视知觉．滕守尧，朱疆源，译．成都：四川人民出版社，1998：187.

值本体关注审美意义和人生价值关怀的统一，关注艺术社会属性和个体理解性的交融，并不再认为艺术本质是单一的，而是多层次的，它具有艺术的社会本质、审美本质和情感本质[①]。在文化的观念形态中，人们对宇宙万物的认识首先由思维方式所决定，进而形成社会伦理道德、人生态度和审美评价等价值观体系。正是这些观念形态决定了装饰内容作为文化符号本身的意义，构建起表现与需求、主体与客体之间双向交流的桥梁。人们通过装饰文化符号这一系统，交流、传承和发展对生命的知识和态度。

一、思维方式的决定性作用

思维方式也是一种认知方式，指人类在实践活动基础上认识客观世界现象与本质的途径和模式。一个民族由于共同的客观地理条件和主观经验知识的作用，思维方式有较为固定的、习惯性的表现形式。反之，不同族群的思维方式也会塑造出各自独特的文化模式。我国藏族群众在地理环境、社会历史、宗教信仰、生活方式等方面都有其特殊性，这些特殊性也深刻影响了其思维方式。相比较而言，经验思维、神秘思维、形象思维和逻辑思维较为突显，其中系统的逻辑思维主要体现于藏传佛教的文化哲学和教理思辨中，本小节对此不涉及。在普通藏族群众的日常生活中，前三种思维方式常常交融混合、共同作用，而逻辑思维则更多地融入经验思维之中。

（一）经验思维：决定了装饰活动的传承与延续

经验思维是一种基础思维，具有经验体认的特征。它来源于在现实生存过程中逐渐获得的经验认识，包括对客观世界的直接体验和间接获得的经验。康巴地区的藏族老百姓世代生活在高海拔的横断山区腹地，自然条件的局限性使可依赖的生产资源相对匮乏，生产方式也较为单一，形成了以农牧业为主的自然经济形态。加之历史上政教合一的封建农奴制度等因素的影响，导致在过去很长的历史时期里，经济发展及整个社会生产生活节奏相对缓慢。“自然经济的有限需要使人们容易满足于知其然而尽其用，

① 王岳川. 艺术本体论. 上海：上海三联书店，1994：44-45.

而不去深入探究事物发展的总体规律和本质属性，这是形成经验思维的客观基础。”[①]对人与自然、人与人、人与社会的基本关系的处理，藏族民众一方面从生产、生活的亲身活动经历与直接观察中获得经验知识，以掌握自然变化的规律法则，满足一般性生存的需要；另一方面，则依赖于祖祖辈辈的经验传承和从小生成的认知习惯。藏族文化中有十分丰富的谚语、格言和歌谣，大量记述了藏族先辈们口传心授的生存经验。例如，“河水浑，忙春耕”“山花开，种油菜”是观察自然现象获得的农业耕种经验；“小雀儿喜欢黎明，猫头鹰盼望黑夜”是用客观现象作比喻，教导人们洞察人品行为的好坏。这两方面经验知识的结合，是藏族民众了解和处理现实关系和行为的基本准则。

在经验思维中，既包含了归纳、总结和推理等逻辑思维的特点，也有从社会实践中掌握的关于事物发展的科学性认知。藏式民居的选址、选材、建造、装饰等，无不体现着经验思维的能动作用与实践结果。装饰图案的抽象化、程式化、秩序化特征都属于逻辑思维的视觉体现，只是这种逻辑更多属于宗教领域内在的自证完满和自成体系。藏式民居的形制满足人们生活起居的功能性需求，选址营造与土地、水源、森林等生存资源的依赖性与供需关系，都体现着经验思维的科学性。然而，对于宇宙世界的认识，经验思维更多停留于感性、直觉和粗略的认识层面。例如，藏传佛教寺庙装饰中常见的“时轮图”反映的宇宙观：“天穹像把大伞，被风力推动不停地右旋，其中最高处与须弥山相接……伞面是凹凸不平的，十二宫犹如伞的十二肋骨，廿八宿则如镶嵌在伞面上的宝石。”[②]这种用熟悉的微小经验事物来联想和类比宏大的未知宇宙世界的方法，源于经验认识范围内的演绎、猜测和阐释。这种既定的认识观使人们难以系统地掌握对客观事物的科学真知。在藏族绘画艺术中，师徒之间、父子之间口传心授手习的传承方式，是典型的经验思维指导下的实践结果，它极大地固化了艺术表现形式。例如，在色彩搭配技巧中，画师对于颜色

① 乔根锁. 西藏的文化与宗教哲学. 北京：高等教育出版社，2004：42.

② 民族院校公共哲学课教材编写组. 中国少数民族哲学和社会思想资料选编. 天津：天津教育出版社，1988：161.

是否和谐遵循既定的传承经验，并将其比喻为人与人之间的关系来理解。和谐的搭配如彩虹东升，如红黄相配是颜色中的“上师”与“徒弟”，红紫相配是“父亲”与“兄长”，蓝白相配是“叔叔”与“侄子”，白红相配是“夫君”与“妻妾”。颜色不和谐如仇敌相遇，如黄白相遇如“盲人”，蓝绿相遇如“窃贼”，绿黑相遇似“死人”，紫黑相遇如“敌人”，金色和黄色相遇则“彼此彼此”、毫无作用。[①]此外，历史流传下来的绘画典籍所记录的是一种既成的经验，也常常是一种不可逾越的规范。因此，经验思维在绘画过程中对程式化风格表现和技能掌握都起着重要作用，但同时也在很大程度上束缚了画师个性化艺术的创造。甘孜藏式民居装饰艺术风格存在的共性特征，正是集体经验思维作用的外在体现。

（二）神秘思维：决定了装饰内容的存在与价值

神秘思维主要源于对自然世界“万物有灵”观念的认识。任何民族文化在发展之初，都带着浓郁的神秘主义色彩，原始巫术信仰是其主要的表现形式，宗教的产生在很大程度上也属于神秘思维认识事物的结果。藏族文化在历史发展过程中，一直伴随着巫术信仰和宗教文化。藏族先民同其他任何民族一样，在原始文明之初不能科学地认识世界表象之下的本质原因，因而对当地频发的泥石流、雹灾、地震等自然现象产生恐惧，认为存在神秘的强大力量主宰着人类的生存。他们对生存环境中的周遭事物都赋予联想和比附，认为它们有生命、有思想、有灵魂，并控制着人的生产生活，进而对其产生了敬畏和崇拜。在原始巫教时期，原始的泛神论观念盛行。吐蕃统一之后，藏传佛教成为当地 1000 多年来的文化主导，形成了藏族人民长期的宗教习惯和浓郁的宗教情感，而藏传佛教本身又融合了原始苯教、汉文化的诸多原始信仰因子。有学者认为“密教吸收了道教以前先行的思想和信仰，如阴阳五行学说、五脏六腑说、谶纬、神仙方术、六甲、巫祝、鬼神等等”[②]。从古至今，信仰崇拜所依托的神秘思维，可以说

---

① 门拉顿珠，杜玛格西·丹增彭措. 西藏佛教彩绘彩塑艺术：《如来佛身量明析宝论》《彩绘工序明鉴》. 罗秉芬，译注. 北京：中国藏学出版社，1997：68.

② 黄心川. 道教与密教. 中华佛学学报，1999（12）：215.

是藏族群众普遍存在的思维方式。

有限的自然生存条件，既影响了社会生产力水平的发展，又在一定程度上给经验思维的科学发展带来局限性。因此，人们常常求助于神秘思维方式来认识未知的世界，以弥补经验认识的不足。于是，大量的神秘观念及其符号表征产生，并先后通过原始巫术活动与宗教的作用模式化，以便普及、传播和传承。在藏式民居装饰图纹中，有许多与原始神秘思维相关的题材，如万字符、蝎子、龙众、塌鼻兽、四方神兽、异胜图等。从象征意义上来说，几乎所有的藏式民居装饰题材都与神秘思维的认识方式相关，因为每一种符号和色彩都不是题材本身的再现，而是一种潜在意义的表达。例如，苯教和佛教都认为大鹏鸟是“百鸟之王”和“天界之主”，是降服龙魔的神鸟。藏族先民创造的古代神话歌谣《斯巴形成歌》反映了象征意义源于神秘思维对天地万物形成的认知：“最初斯巴形成时，天地混合在一起，分开天地是大鹏，大鹏头上有什么？最初天地形成时，阴阳混合在一起，分开阴阳是太阳，太阳顶上有什么？……”[①]这些认知，是人类处于幼年时期天真烂漫的幻想，是神秘思维作用下臆想而形成的宇宙观，常被称为“混沌说”或主客体不分的“混沌思维”，有时也可能是在经验认识之上的一种想象力的发挥。

藏族群众普遍认为：山有山神，河有河神，树有树神，天空有日神和月神，连岩石也有它的神灵；在家里有专管生存的灶神、火神、梁柱神、门神、家神等。各个神灵都有其特殊的功能和地位，因而就有关于神灵的各种描绘。可以说，藏式民居装饰图纹就是家中供奉的万神殿，诸佛、瑞兽、神鸟、花果、树木、岩石、雪山、草地及各种象征符号，无一不具有神奇的力量和固有的特性。有些神灵虽无形却具有依附性，例如，农区的年神一般为骑着马、牵着狗、穿着战斗用的盔甲，手持刀、矛等的形象；而牧区的年神，都是部落集体的保护神，一般没有房屋和城堡，居所就在光秃秃的草山或山岩，时而骑着白马，时而显形为白牦牛。[②]风

---

① 马学良，恰白·次旦平措，佟锦华. 藏族文学史. 成都：四川民族出版社，1994：14.

② 刘志群. 西藏祭祀艺术. 石家庄：河北教育出版社，2000：45.

马旗上原始神灵的形象较多，风马旗常常被插在居住环境的上风之处，用以祈求与天地万物众神心灵相通并倾吐夙愿。

任何宗教都以有神论为基石，以神秘思维作为主要认知方式，只是表现形式不同而已。藏传佛教在吸收原始苯教的基础上把神秘思维提升了层次，使其更带有某种逻辑思辨的色彩，并以教义理论为支柱构建了一个复杂而又庞大的神秘主义思想体系，以此作为解释过去、现实和未来世界的理想模式。藏式民居装饰艺术是宗教生活世俗化或世俗生活宗教化的典型表现，对图纹形式的主动选择迎合了民众神秘思维作用下的心理需求，其视觉营造的文化氛围反过来又强化了这一思维定势。因而，宗教信仰与神秘思维是一种互生互为的关系，“宗教信仰的昌盛，是神秘思维的根源和条件，而神秘思维的发展，又使宗教信仰得到进一步的扩张与膨胀，二者的交互作用，把藏族的宗教崇拜推到了极高的程度”[①]。

（三）形象思维：决定了装饰形式的普及与传播

形象思维是一种专注于特定具体形象，进行反复、专一的思维加工活动。其目的在于从预设的视觉符号中提炼出抽象的意义，从而实现认识上的转变、心灵的升华或精神的领悟。形象思维也被称为“艺术思维”，是一种易普及、易掌握的方法，因而藏传佛教艺术得以直观理解和广泛传播。正是藏传佛教对形象思维的强调，推动了藏族彩绘艺术的蓬勃发展。

形象思维是藏传佛教观修的主要思维方式，它通过图像象征意义的传达，把宇宙本体、佛性佛法都附会在形象和符号之中，以观想（意）、手印（身）、咒语（语）三密结合为统一方法。在这一过程中，藏传佛教绘画作为视觉直观的媒介发挥着重要作用，所以也有把藏传佛教称作“像教”之说。本尊画像、曼陀罗坛城、法器、各种宗教图案等都代表着佛的法身，都是观想的对象。藏传佛教寺庙的装饰绘画在一定程度上也是应这一需要而产生的，在视觉上为信徒们提供了香巴拉理想国的具体境象。观想被认为是安定心情的最有效的修行方法之一。“把心轻轻地放在

① 张亚莎. 西藏的岩画. 西宁：青海人民出版社，2006：48.

一个对象上，许多人发现这个方法很管用。任何能够让你产生特别灵感的自然物，譬如一朵花或一颗水晶都可以。”[①]显然，藏式民居装饰艺术中的任何一个图像都是能够获得心灵体验的有效形式，而日常生活空间的常态化体验有助于居住者即刻进入调心之境。

宗教深奥的教义难以理解，而图像却可以直观识别，以图像传播教义是最为形象生动、易于理解和接受的方式。建筑空间为具体形象的展示提供了主要场所，因而装饰艺术成为必要的表现手段。反之，图像的视觉作用又促成了形象思维的定势，使其产生一种视觉体验的习惯和依赖，因而将寺庙装饰图纹移植至民居，仍然是一种形象思维习惯的需要。

形象思维不仅是直觉式的，而且是顿悟式的。前者借助感知的力量，后者则依靠意象的发挥。“审美是在直观中呈现：直接的了知，突然的顿悟。”[②]在藏传佛教理论中，对佛性、法性、实相、空性等思维客体的认识，只能凭借信仰者的深层体验，使心灵直接切入本体而达到顿悟境界。藏式民居装饰中的大量象征图符被认为隐藏和暗示着这种精神能量的存在，特定的审美直觉体验在长期作用下被强化，现实也因此而变得美好。象征的有效性“建立在记忆、信任和不断重复以强化的力量之上。那么，怎样应用象征符号影响现实？……我们已经达成一个结论，那就是通过运用象征符号以神通的方式对现实发生直接的影响”[③]。或许正是形象思维中的感知体验和意象作用的发挥，或多或少地帮助藏传佛教信仰者得以走向这一过程的实践。

以上思维方式与特点，在藏族群众的一切实践活动中都有混合性体现。藏族文化的观念意义在思维活动中不断得到加强，而装饰成了一种行之有效的视觉实践行为表征，装饰图纹体系实际是一种符号化的思维表达，“符号化的思维和符号化的行为是人类生活中最富于代表性的特征，并且人类文化的全部发展都依赖

① 索甲仁波切. 西藏生死之书. 郑振煌，译. 北京：中国社会科学出版社，1999：86.

② 叔本华. 作为意志和表象的世界. 石冲白，译. 北京：商务印书馆，1982：249.

③ 扎雅·罗丹西绕活佛. 藏族文化中的佛教象征符号. 丁涛，拉巴次旦，译. 北京：中国藏学出版社，2008：12.

于这些条件”[①]。因此，藏式民居装饰艺术实际是群体思维方式的符号化反映，从中也折射了藏族文化最深层的观念形态。

二、价值观念的支配性作用

价值是人类生存意识的核心，是社会存在的反映。德国社会学家马克斯·韦伯曾说：“价值是生活的根本，没有价值，我们便不复生活；没有价值，我们便不复意欲和行动，因为它给我们的意志和行动提供方向。”[②]卡尔·马克思说：“‘价值’这个普遍的概念，是从人们对待满足他们需要的外界物的关系中产生的。”[③]这充分说明，价值观是一种以主体利益需要为尺度的、对客观事物的作用和意义给予的基本态度、基本看法或基本评价。一个民族的价值观反映了一种集体心理意识和社会基本准则，它的产生和发展既受自然条件的影响，又受社会经济发展水平、政治制度和历史文化等条件的制约。价值观一旦形成，在一定历史条件下具有相对的稳定性。

藏族群众的价值观也是在特殊的自然环境条件下，历经长期的封建农奴制度，在农牧结合为主的经济形态下产生和发展起来的。千百年来，传统文化的价值观支配着藏族人民的情感和行为，对其生产生活及文化形态产生了巨大的影响。价值观在不同的文化层面有不同类型的体现，如家庭价值观、宗教价值观、道德价值观、审美价值观、生命价值观等。甘孜藏式民居装饰艺术作为居住空间的文化符号，充分映射出藏族群众将美化生活与财富彰显融为一体的家庭价值观，同时又体现出其具有将生命信仰和道德教化深度融入宗教价值观的显著特点。

（一）家庭价值观：美化生活与财富彰显于一体

家庭，作为家人的栖居之所，藏族人尤其珍视其存在的价值和意义，主要表现为每位家庭成员对物质财富的勤劳创造和对团结和睦关系的共同维护，而民居就是家庭品质建设的重要载体。

---

① 恩斯特·卡西尔. 人论. 甘阳，译. 上海：上海译文出版社，2003：38.

② 马克斯·韦伯. 社会科学方法论. 韩水法，莫茜，译. 北京：中央编译出版社，2002：6.

③ 马克思恩格斯全集（第19卷）. 北京：人民出版社，1963：406.

民居中的装饰艺术，可以理解为家庭价值观的显性表征，直接反映了每个家庭的审美价值观和财富观。在自然资源、物质条件相对匮乏的藏族地区，美化生活不仅是一种视觉审美需要，而且也是心灵慰藉的需要，是居住者积极改造环境使其符合美的标准和尺度的高层次体现。王朝闻先生在《美学概论》中阐述了美的本质："美是包含或体现社会生活的本质、规律，能够引起人们特定情感反映的具体形象（包括社会形象、自然形象和艺术形象）。"[①]他强调，社会存在决定美的意识观念，美的价值观直接关系着美的判断标准。

那么对藏族群众而言，什么才是美的？首先，藏族传统文化中美的价值观直接受藏传佛教艺术的影响。千百年来，信仰所传承的模式化风格已经先于个人的喜好而存在，从小耳濡目染的审美习性和审美经验中早已包含了美的价值和判断：藏传佛教寺庙装饰艺术的风格就是美的，"这样的"（传统的）形式就是美的最高形式，因此人们会自觉选择与寺庙装饰艺术在形式、内容、技艺与风格上一脉相承的装饰方式。其次，汉文化的影响也直接可见，反映了藏族群众对美的多元化认可。龙、虎、狮子、凤鸟、牛羊、日月、山水、莲花、卷草、云、火、长城箭垛、寿字等图案在中华文化各民族艺术中普遍存在，对吉祥、和谐、美好、圆满、富裕、永恒等人生价值的追求也是相通的。这充分说明藏族作为中华民族的组成部分，与其他民族一样，共享着中华文化的共同基因和审美认同。

就藏式民居装饰艺术而言，除了美化居住者的生活，还必须体现其社会性价值。特别是在康巴地区，相对于其他牧区，稳定的农居生活使他们尤其注重居所建筑的品质。传统藏式民居建造用材精良，坚固耐用，有些甚至是传承几代的家族遗产。在传统社会历史时期，除了少数贵族家庭装饰颇为讲究，普通家庭民居少有华丽装饰。得益于改革开放和现代化进程的影响，藏族老百姓的物质生活水平日益提高，美化生活的意识逐渐增强。从城郊富裕的民居开始，对寺庙装饰风格的模仿逐渐蔓延至整个农区，一幢幢质朴无华的石木建筑都披上了装饰艺术的精美外衣，有些

① 王朝闻. 美学概论. 北京：人民出版社，2005：31.

甚至堪称家庭式宫殿。藏式民居装饰艺术发展至今，不仅切实改善了人们的生活品质，还在更大范围唤起了藏族人民对美好生活的向往，使他们在日常生活的精神层面有了更高的需求。装饰的面积、技艺和成本最终成为了美和财富的价值判断标准。那些装饰面积大、技艺精湛、花费成本高的装饰往往受到当地人的高度评价和羡慕。因此，很多家庭都尽其所能地通过装饰艺术来展现居住者的财富积累与精神品质，以体现家庭在当地的能力与地位。

（二）宗教价值观：生命信仰与道德教化于一体

藏传佛教价值观是藏族传统社会价值观的主体，影响着其他一切价值观的基本取向。它所提供的关于生命、宇宙、社会、人生、道德的教义，塑造着藏族民众的世界观和人生观，其核心内容主要指“众生平等、因果轮回”，其社会教化目的是“扬善抑恶、敬畏因果”，其终极价值目标是“觉悟成佛”。藏传佛教文化普及化、世俗化的过程，将宗教价值观贯穿到藏族群众生活的方方面面，对他们的言谈举止、生活方式、审美偏好产生了深远的影响。

藏族群众的生命价值观主要围绕生与死的根本问题展开，这一价值观以藏传佛教的密法思想为理论基石。通过方便法和智慧启迪，藏传佛教引导人们将充满贪、嗔、痴的凡心转化为内在清净无污的本心，从而摆脱轮回的束缚，达到圆满证悟和成佛的最高人生境界。因此，体悟“心性”是了解生死之钥，静坐与观照都是显露心性的方式，而装饰描绘的佛像、瑞兽、法器等图纹都是观照体悟的视觉对象。“每当我们迷失方向或懒散时，关照死亡和无常往往可以震醒我们回到真理：生者必死，聚者必散，积者必竭，立者必倒，高者必堕。”[①]在他们看来，死亡不是消亡，而是生命的新开端。他们将生死视为一体，了知人生无常并坦然接受死亡，这是其对待当下生命的基本态度。藏族生命价值观不仅体现在对待生与死的态度上，还深深植根于“万物有灵”的观念之中。这种对万物的崇敬态度，形成了藏族人民独特的生态价

① 索甲仁波切. 西藏生死之书. 郑振煌，译. 北京：中国社会科学出版社，1999：36.

值观。他们为一切无生命的事物赋予生命的灵魂，像对待自己的生命一样怜惜它们，并懂得与众生相互护佑、生死休戚相关的因果道理。这种观念也塑造了藏族人民与万物和谐共处的宽大胸襟。在这里，人生终极关切问题、人生价值问题及对待生命的态度等，都体现了宗教本体与艺术本体的紧密融合。

民居装饰艺术为藏族群众在生活中提供了便于精神信仰的图像世界。由各色宝石、硕果、蔓草、莲花、神仙、瑞兽、雪山、圣城、草原、河流等题材构建的视觉空间图景为他们提供了身临其境的景象。装饰图纹中大量的转轮、万字、涡线、卷草、火、云等有一切从轮回中解脱之象征，长城箭垛、连珠纹、莲花叠函、六长寿图等都具有追求永恒、长存之终极价值意味。这些装饰提醒人们：只有懂得死亡之苦，才能善待生命；只有把握人生苦难的本质，才能实现对生命的终极关怀。“就宗教思想而言，部分等于整体，部分具有整体一样的力量，一样的功效。”[①]哪怕是一个小小的符号纹样，也会让信仰者感受到整体的力量。艺术形式在此与宗教寓意合一，因为二者本质上都是为了在现实的有限生命中去把握理想中绝对的无限存在。所以，特定装饰内容的选择仍然是为了强化信仰的作用，通过视觉愉悦和内在力量的暗示，使藏族人民在艰辛的现实生活中仍能获得内心的安宁、坦然、淡泊和充实。家本来就是身心的归属之地，宗教意味浓郁的装饰图纹强化了这一感受，并将其引入心灵的终极归宿。当人的精神、人的灵魂、人的虚无化环顾左右无所依持时，有两条路提供给人去将分离的世界重新聚合于人的存在。一条是审美之路，另一条路是宗教之路。[②]

“美”一方面满足视觉愉悦，另一方面还要内“化”于心，这在很大程度上归功于装饰的题材内容，因其反映着藏传佛教价值体系中美与善的密切关系。善又是什么？从美学的角度而言，符合人的目的、利益和需要的东西就是善的，就是好的。“善”的另一层意义是藏传佛教教义中提倡的善业，传递的是藏族群众做

---

① 爱弥尔·涂尔干. 宗教生活的基本形式. 渠东，汲喆，译. 上海：上海人民出版社，2006：217.

② 王岳川. 艺术本体论. 上海：上海三联书店，1994：53.

人的规范和道德价值观，并且在装饰的题材内容中得到充分体现，实际也是一种通过视觉图像来教化心灵的内容意义。在藏式民居装饰图纹中，传统道德价值观更多地从主题性题材中显现出来。俗语说“老人口中有黄金”，说明老人既是经验的传承人，又是知识的载体，因此老人在当地特别受家庭和社会的尊重，和气四瑞与六长寿即表达了对老者和智者的尊重与祈福。和解图则表达了对不和者施以忍辱与宽容所获得的和平与力量，特别是对稳定家庭关系、和谐社会人际关系起着警醒暗示作用。蒙人驭虎也反映出对降恶勇士的尊敬，反映人们对心存正义人格理想的追求。其他一些广泛使用的符号，如吉祥如意结、万字绵长纹、团寿纹等，传递着家庭唯有团结和睦方能永续万代的寓意。严格地说，任何一种宗教文化的本质都是一种道德学说，通过道德规范来约束人们的内心和行为，让人们懂得必须遵循的社会秩序和基本准则。通过具体可见的图像来说明为人处世的道理，充分说明了藏族传统文化是一种伦理道德型文化，其装饰艺术也是一种表现“善”的伦理道德型艺术。这种强调善与美的关系，与儒家思想“尽善尽美”的价值观相一致。“美一方面具有合乎规律性合（和）目的性的内容，同时另一方面它又具有这种感性存在上的丰富多样的形式。”[①]前者为理性，为善；后者为感性，为美。因此，装饰艺术的价值必然包含二者的结合。

事实上，藏传佛教是多元文化价值的复合体。它不仅在印度佛教的基础之上吸收了原始苯教的内容，而且各派教义和仪轨中还融入了大量中原禅宗和道教的成分。这在一定程度上反映出价值观的相通之处，也是藏传佛教在演化进程中必然走向本土化的表现。例如，道教追求的“成仙”的生命价值观、“天人合一”的宇宙和谐观、“知足常乐”“道法自然”的生存价值观，都与藏传佛教思想有着契合之处。位于汉藏之间的康巴文化，受汉文化影响颇多。在甘孜藏式民居装饰内容中，暗八仙、寿星图、龙凤双喜、鹿鹤同春、四季花开、猫蝶图、石榴、蝙蝠、凤凰稚子等都是汉地装饰的常见题材。甚至有些地方的藏传佛教寺庙还同时供奉太上老君、孔子、诸葛等圣人，也充分体现了他们以善为

① 王朝闻. 美学概论. 北京：人民出版社，2005：30.

美、有用即美的价值观念。

小　　结

装饰图纹是藏族人民居住空间最具表现力的文化符号，其内在意义决定并支配着符号的表现形式。本章所述，皆为从与“形式”相对的“内容”来对甘孜藏式民居装饰艺术的文化表达进行解读，其中借鉴了解释学、符号学与图像学的理论与方法，解读的视角主要从宏观和微观两个层面加以开展。

从宏观视角来看，藏式民居装饰艺术呈现的符号体系在甘孜州具有普遍性和共同性。藏族群众的思维方式和价值观念，作为文化的不可见要素和潜在因素，推动着装饰符号体系在藏族民间社会的传承、发展和传播，同时反映出文化是多种意义的符号集合系统。

从微观视角来看，每一种装饰符号都有其特定的来源与象征意义，结合解读者本身的理解，意义可以被不断挖掘并赋予新的内涵，因而解读是激活艺术并丰富其内涵的有效方式。解读本身既是审美生成的实践过程，也是艺术本体的重要组成部分。从题材内容到观念形态的解读，充分说明民居装饰艺术是家庭成员之间、家庭与社会之间实现价值交流的重要媒介，装饰最终转化为一种普遍的、可识性的意义存在。

第四章　居住者的审美需求与情感同构

如果说，形式的分析与内容的解读是聚焦于艺术本体的研究，回答了装饰艺术“是什么”的问题，本章则将关注点转向对审美主体——生命内在活动的探讨，旨在研究受众对装饰的感知问题及其内在生发机制。一切人造物都是应人的需求而产生，装饰在最初也许表达着某种生存所需的实用功能，但对孕育人类的美感起着重要作用，后来一切美化活动的动机主要源于人类对审美愉悦的需求。反之，人类对审美愉悦的需求也促使装饰在历史长河中繁荣发展。毋庸置疑，甘孜藏式民居装饰艺术的主要功能在于美化居住空间，而美感的产生则来源于审美主体与客体之间的相互作用。装饰艺术作为审美客体，不仅通过形式作用于审美主体的感知，其内容也体现了审美主体（居住者）的选择与认同，二者属于同一文化属性中的人造物与受众者，反映了主体和客体在文化本质上具有深层次的同构关系。

尽管前两章对形式语言和内容意义作了基本阐述，但事实上，当观者置身于民居室内装饰空间时，视觉把握的是艺术的整体样式，而不是对形式语言的分解认识，也不会即刻进入对内容的剖析和风格的判断。这种整体把握，主要通过对现象的视觉感受产生审美体验而获得，属于一种视觉传达作用下的审美直觉心理范畴。剖析感知和审美体验是对人与作品表象之间产生作用关系的研究，前者是这种关系中最基本的一种，后者是促使关系的升华阶段。因为人与作品之间的意象、情感、思维等进一步的关系都必须以感知为媒介才能进行，唯感知体验可以超越文字的解释局限而进入“可意会不可言说”的境界，因此感知作为审美体验的过程活动，也对视觉艺术的本质特征起到了构建作用。尤其对藏式民居装饰艺术而言，它不是视而不见的身外之物，而是居住者心灵意象的重要媒介，是一种从“应目”到“会心”再到“畅神”[①]的渐进式审美体验过程，是通过作用于装饰内容的审美活动来实现的。“用艺术的方式把握生活的能力，并不是少数几个天才的艺术专家特有的，而是属于每一个心智健全的人的，因为大自然给每一个健全的人都赋予了一双眼睛。”[②]这就意味着在艺术研究中，装饰形式怎样作用于人的眼睛和心灵，装饰活动又如何成为居住者的必然需求，同样值得深入探讨。

第一节 装饰作用于人的审美感知

传统美学研究把形象思维作为艺术的本质，把反映论作为艺术的目的，因而最终提供给人的是一种认识论，而形式分析理论研究者认为艺术创作有自己独特的目的性，即为人提供审美感受与审美体验。近年来在艺术研究领域内，视觉艺术心理学已经发展了较为成熟的理论，虽然并未形成严格意义上的独立学科，但许多理论都从不同的角度逐步丰富和充实了这一领域空间，不仅弥补了传统美学研究所忽略的问题，对形式分析学派以及现代艺术流派的发展也产生了重要影响。美学、符号学、解释学等都涉及对艺术形式知觉的研究，将其作为解读艺术作品本质特征与人的需求关系的重要范畴。事实上，对形式的感知可以跨越不同文化造成的理解障碍，是人类可以共同把握的一种直观认知方式，从这个意义上来说，可感知的图形才是真正的世界通用语言。将形式与感知联系起来，是艺术形式理论研究的出发点，也是真正把对形式的研究引入心理学领域的起点。本节借艺术心理学理论，从人类的基本需求角度、视觉感知的心理学层面去理解藏式民居装饰艺术的表现特征，也不失为一个独特的研究视角。

“作品存在于彼岸，没有刺激便片鳞不存，从意识的表面消失其痕迹。艺术也是如此，它存在于一种厚实的玻璃后面，不可能直接的（的）深入的（的）接触。但是一旦进入作品，在其中探

---

① 注：南朝宋画家宗炳提出“应目”“会心”“畅神”三个层次阐明审美体验的递进深化过程。

② 鲁道夫·阿恩海姆. 艺术与视知觉. 滕守尧，朱疆源，译. 成都：四川人民出版社，1998：7.

索，就可以全身心地感觉和体验到它的骚动。”[①]这种“感觉”和“体验”就是认识作品的第一步，它是以知觉为媒介来实现的，为审美感受的初级范畴，而体验本身就是艺术本体存在的重要方式，因为如果艺术品没有人的感知来激活，就成了一种不可理喻的物质实体。本节试图打开艺术作品的“玻璃门扉”，潜入其可感知空间，了解审美主体与作品之间是如何互生作用的。

一、形式整体与知觉要素

藏式民居装饰内容虽然被描绘于建筑、家具等的表面以固化形式展现，但其形式并不是呆板的存在，而是传递着不同层次的存在意义，最基本的当属对形式本身的感知体验，其中包含着整体与要素的关系，体现在形式美的法则及其被组织的视觉语言中。

（一）“格式塔”与形式美法则

在形式感知的理论领域中，最为著名的莫过于关于“形”的格式塔心理学。艺术各派理论或多或少受其影响，或在其基础上拓展出新的理论建树。“格式塔”是德文 Gestalt 的译音，意为形式或形状。格式塔心理学的奠基人韦特海默、柯勒和卡夫卡的著作大都以视觉内容为研究主体。格式塔涉及视觉之外一切“形”的意象，因此应用范围广泛，涵盖绘画、音乐、诗歌、戏剧、舞蹈等门类。

美国艺术心理学家鲁道夫·阿恩海姆在《艺术与视知觉》中，成功地将格式塔心理学理论应用于视觉艺术的研究。他通过大量的科学实验，对形状、色彩、空间、运动、张力、表现、平衡等视觉语言及其相关性质进行了深入的心理学分析，从而论证了艺术形式与视知觉之间的紧密关系。

格式塔所说的形，是一种具有高度组织水平的知觉整体，并非客体本身就有的，而是经由知觉活动组织而成的经验认识中的整体。它包含了形式语言所有要素的整合，而不只是“形状”的概念，其实就是艺术的“形式”。形式作用于感知，有两个基本

① 康定斯基. 康定斯基论点线面. 罗世平，魏大海，辛丽，译. 北京：中国人民大学出版社，2003：2.

的特征：第一，“整体不等于部分相加之和”，即凡是格式塔，虽然是由各个要素组成，但决不等于构成要素之间的简单相加，正如三角形不是三条线的简单交叉相加，一首歌也不是词和曲或者音符的机械组合，而是一种抽象的整体关系。这是整体把握艺术形式美感的心理学依据。第二是“格式塔的变调性”，即一个形，在它的各构成要素如颜色、大小、方向、位置都改变的情况下，在人们的经验认知上它仍然存在。这种变调性，引起了艺术以基本形为“母形”而产生的重复、节奏、渐变、对称、发散、共生、均衡等形式美的变化，进而成为装饰艺术格外遵循的“形式美法则”。在藏式民居装饰艺术中，各种“母形”及形式美法则大量存在，极大地丰富了人们的视觉感知。这些形式美法则主要体现于形式中的“结构”语言，它发挥着组织其他视觉要素的重要作用，是获得美感的艺术构建方式，在第二章第二节已有过充分的阐述。

（二）对形、色、质的感知

在藏式民居装饰中，最初层级的视觉需要必然诉诸具体、实在、易于感知的形式，而非虚无的想象存在。在感知领域中，如果说形式美法则是装饰艺术中隐形的“骨架”，那么形、色、质视觉语言则是其显性的“肌肤”。装饰艺术中线的突出作用，清晰而明确地规制了形的存在，因而每个纹样的形状很容易被独立感知。例如，我们可以从圆形或扇形的花朵感受到其不同程度的绽放状态，从翻卷的火焰感受到燃烧的热烈，从螺旋纹感受到由中心向外旋转的动感，从缠枝纹体会到蔓延生长的力量，从连续重复的点中捕捉到节奏感，从狰狞而张扬的兽纹体会到怪诞威严感，从尊者的慈眉善目体会到祥和安宁感，等等。总之，不同纹样组合带给人们丰富的视觉感受。那些几何化的抽象形态适应于格律构架之中，呈现出严谨的规范性和条理性，具象形态则因曲线的生动变化而具有亲和力和可识读性。抽象的形态是理性的约束，具象的形态是感性的自由，二者共存，产生了互为补充的视觉感知效果，构建了动静相依、义理相融的形式美感。

在所有的形式语言中，色彩犹如天空的彩虹，是最容易被知觉的，也是最能够激发情感的要素。装饰色彩因其物理属性，能影响人们通过视觉获得的心理情感，如冷暖、轻重、远近、软硬等，恰如许多居住者被问及对装饰图案的整体感受时，普遍用“热闹”“温馨”“好看”“舒服”“有趣”等词汇来表达。色彩需要借助形态（或形状）来展现其清晰度和丰富性，从而证明自身作为特定形式存在的意义，否则只是物质颜料而已。法国著名画家亨利·马蒂斯曾说过：“如果线条是诉诸于心灵的，色彩是诉诸于感觉的，那你就应该先画线条，等到心灵得到磨炼之后，才能把色彩引向一条合乎理性的道路。”[①]藏式民居装饰彩绘步骤具有典型的“线先行道、再填其色”的特点，因而形状对色彩的知觉规范和引导作用更是不言而喻的。有人认为，对色彩的视觉感受是浪漫而丰盈的，理性的形状对色彩却有控制和规范的作用，进而推导出形状具有主导地位，色彩只是形状的附属。事实上，在一定空间距离内，色彩的视觉作用远胜于形状，所以才有“远看颜色近看花”的经验认识。但在没有光线作用的触觉感知中，形状可以借助材质的作用被识别，色彩则不行，所以在光线相对幽暗的藏房室内，色彩的明艳和工艺的肌质才显得同等重要。

虽然对装饰形式的知觉愉悦主要来自对形与色的视觉体验，但也包括对肌质纹理的触觉理解：大面积被清漆覆盖过的装饰墙体和木柱有着光滑的质感，沥粉作底、金银色勾勒的线条精致而细腻地凸显于表面；彩绘图纹结合木雕基底呈现出的凹凸效果，使观者在视觉享受的同时情不自禁地生发触摸感知的愿望。难怪大卫·布莱特会认为，“对材料真实或想象的处理带给我们的愉悦丝毫不逊于视觉愉悦”[②]。可见，对肌质纹理的触觉理解也是对装饰形式产生视觉意象的重要媒介，因为视觉感知和触觉感知都有局限性——前者受制于光线，后者受制于距离——但二者的补充与融合可以构建完整的知觉感受，正如歌德的名言：眼睛是可以触摸的手，手是可以欣赏的眼睛。

---

① 转引自：鲁道夫·阿恩海姆. 艺术与视知觉. 滕守尧，朱疆源，译. 成都：四川人民出版社，1998：456.

② 大卫·布莱特. 装饰新思维：视觉艺术中的愉悦和意识形态. 张惠，田丽娟，王春辰，译. 南京：江苏美术出版社，2006：87.

二、秩序感与平衡力

如果说对形、色、质的知觉体验是基于形式要素的具体感受，那么对秩序与平衡的感知则是一种整体统摄的把握能力，其中包含对结构和空间语言的感知。秩序感和平衡力是装饰产生的内在驱动机制，在装饰艺术中的显著性远远超出其他视觉艺术。

（一）在杂乱中创造“秩序”

近现代艺术史上对装饰价值的争论催生了许多优秀的装饰艺术理论，其中最具代表性的著作当属贡布里希的《秩序感：装饰艺术的心理学研究》。他将知觉和心理学理论引入对装饰图案艺术的研究，结合对人类生物遗传和艺术风格史的研究，发展了装饰艺术心理学，并提出了关于装饰秩序感的著名理论。他认为：在自然界的一切有生命的东西中，“正是混乱与秩序之间的对照唤醒了我们的知觉”[①]。在原始社会或在无序、迷乱、混沌的现实世界中，把握秩序是一种生存的基本需要。在文明社会中，科学的使命是在多样化的现象中提炼出有规则的秩序，宗教的作用是解决现实世界无法把握的变化性，为信仰者在精神世界构建永恒且有序的宇宙观，而艺术的使命则是创造形象，去显示这些多样化和变化性中隐藏的秩序模式。可见，秩序是人类文明和文化的创造，是人类把握世界的有效方式，并通过装饰艺术形式来得以呈现，供人们感知和识别。

“装饰形状和图案是证明人类喜欢运用秩序感的极好例子。”[②]感知的过程总是知觉根据心理需要进行积极选择与探索的过程。藏式民居装饰艺术显著的秩序化特征，不仅是居住者知觉选择的结果，而且是知觉喜好的反映。在藏式民居装饰图纹中，强烈的秩序感是视觉很容易捕捉到的：规则的几何形态、大量的对称结构、条块和区域的分割、多层边饰套叠等体现出的格律。可以说，藏式民居装饰图纹构建的就是一个“秩序的世界”，所有这些绝对形式的存在都是为了强化序列和规则，并对视觉起着明显的流

① 贡布里希. 秩序感：装饰艺术的心理学研究. 杨思梁，徐一维，范景中，译. 长沙：湖南科学技术出版社，2000：6.

② 贡布里希. 秩序感：装饰艺术的心理学研究. 杨思梁，徐一维，范景中，译. 长沙：湖南科学技术出版社，2000：6.

程引导作用。从某种意义上来说，装饰本身就是对自然规律的强化和现实秩序的主观改造，这就等于通过创造艺术来感知并体验一种有序的视觉理想世界。

（二）在改造中寻求“平衡”

心理学家通过试验证实，那些最具秩序感、和谐、统一、简洁、明确的“完形”，是给人以最为愉悦感受的图式。在世界各地的宗教艺术中，所创造的装饰图案都显著地展现出完形特征，规则、对称、几何、有序、抽象的图式无处不在。当遇到残缺、扭曲、粗陋、难看等不佳的图式，或称之为“不完形”的视觉刺激时，观者出于知觉愉悦的“需要”，会产生纠正或改造的倾向，使其趋于完美，这被解释为人类具有最大限度地追求内在平衡的自我调节能力。因而，“不完形”对艺术形式的创造同等重要，它所引起的紧张感激发了解决问题所带来的创造性愉悦，是产生审美愉悦的重要源泉。那种因视觉刺激而努力改变的过程，会造成一种紧张的内在张力，引导着知觉对形的革新需求，以寻求形式的“完美”。这一过程，是人类特有的平衡力机制对装饰图形起驱动作用。

平衡在图形中其实并不真实存在，它是通过视觉作用于观者心理的力感或量感，是一种不可见但能感知的视觉组织原则。平衡感为什么是绘画中不可缺少的因素？阿恩海姆认为，因为平衡催生完美的格式塔，以使其中的每一要素都满足人们的知觉对平衡的需求。如果某一形式存在不平衡，那么会给整体知觉的统一造成干扰，人们内心就有一直改变它的动机。[①]虽然每个图式都是一种朝着不同方向的张力式样，但整体结构图式在各种对立式样中却建立起一种力的平衡。例如，斜向滋生的蔓须、左右排列的花瓣、循环往复的结带、向下垂挂的璎珞、向上燃烧的火焰、中心发散的旋涡纹、向心衬托的角隅等，不同方向的视觉引导并没有产生凌乱和冲突，而是各自伸展，适可而止，和谐共处。“作为一种规律，画中的对立永远是等级排列的。这就是说，必须是

① 鲁道夫·阿恩海姆. 艺术与视知觉. 滕守尧，朱疆源，译. 成都：四川人民出版社，1998：17-19.

一个主导地位的力与一个次级的力相对立。”[①]显然，装饰形式中包含复杂多样的力，是靠视觉秩序的建造才获得力量的平衡牵制。平衡力将各种力加以组织排序，不仅使形式语言有序化，而且使力量感知也有序化。可见，平衡力又是秩序感的心理基础，因为平衡感使我们能确定方向，而方向感包括了感知各种空间秩序关系，如远与近、高与低、前与后、连接与分离等，因而在平衡中寻求秩序是人类生存的基本需求。藏式民居装饰图案形式语言中的每一要素都在承担着力量分配的均衡感。例如，不同色彩的相互穿插、同类纹样在不同位置上的呼应、边饰与主纹的组合搭配、局部装饰与整体空间的构建关系等，目的都在于平衡观者的视线，使其不孤注一掷或任意发展而能被统摄于整体。视线往往就是在方向的引导下使力量作用于心理，其中产生的紧张感是生命活力的体现。它使我们在静态的视觉空间中仍然能感受到一种运动力量的存在，各种力在相互竞争又相互抵消中构成了整体的平衡与秩序，正如宇宙万物中一切良性关系存在的最终机制都指向了和谐统一。

三、多样统一的形式

人类艺术的发展过程，本质上是一个由简单规则的形式逐步向复杂多样的形式演化的历程。那些容易带来知觉舒适感和经久耐看的图形，一定是经验传承下来被公认为完美的、成熟的式样。

（一）成熟的美感形式

按照艺术心理学的观点来推演，当在“完形”与“不完形”之间达到人的内在平衡感知时，就产生了“成熟的格式塔”，也就是人们所说的“多样统一的形式”。“多样统一”可以说是传统美学的最高法则。从知觉的刺激力来说，它的多样性大大超过了简单而又规则的形式，从而引起视觉紧张与知觉兴奋，同时其各部分之间存在的有机统一联系又使其显得有序而和谐，从而满足了知觉愉悦的双重需求。“因为它蕴含着紧张、变化、节奏和平衡，蕴含着从不完美到完美、从不平衡到平衡的过程，伴随着

---

① 鲁道夫•阿恩海姆．艺术与视知觉．滕守尧，朱疆源，译．成都：四川人民出版社，1998：46．

上述运动规律，人的内在感受也就从紧张到松弛、从刺激到和谐，这显然是一种更加复杂多样的感受，因而看上去很够味。”[①]这实际是一个动态的知觉体验过程，与人类的生命活动和内在情感活动高度一致，是人类最真实和最本质形式的反映，因而创造这样的“形式”被肯定为具备“成熟的艺术表现力”。同时，贡布里希认为，装饰心理来源于审美快感，而“审美快感来自于对某种介于乏味和杂乱之间的图案观赏。单调的图案难于吸引人们的注意力，过于复杂的图案则会使我们的知觉系统负荷过重而停止对它进行观赏”[②]，因而具有“多样统一”特点的图案，必然是容易构造和容易知觉的图形。显然，多样统一的形式是产生审美快感的重要源泉，也是装饰心理产生的重要驱动力。

（二）“多样统一”的整体感知

形式上呈现的多样统一性，恰好是所有传统装饰艺术所具有的共性特征，这一特征在甘孜藏式民居装饰艺术中尤为显著。从宏观视角来说，从外观风格的差异到室内风格的共性，从康巴文化的多样性到藏族文化的统一性，都通过民居装饰艺术这一载体得到了充分的展现。具体到装饰艺术最精华的图案部分，其“多样”主要体现在形态的千变万化、色彩的无限丰富、肌质的特殊效果及整个空间的充盈分布，共同构成了强烈的视觉冲击力。可以说，多样性是最容易知觉、最刺激感官的，因而往往具有“先声夺人”的效果。然而，在浏览整体空间或注视某一区域时，会发现其中的妙处正在于“统一”的力量。它通过秩序感和平衡力作用于装饰的内在结构，以抽象化、规范化、格律化、程式化、数理化、图案化等手段，将所有的“多样”元素“统一”起来，使形态、色彩、肌质各得其所，各展其美，最终达到情境和谐、万物归一的整体效果。

显然，具有多样统一特点的藏式民居装饰艺术，经过历史的积淀、筛选、规范、传承，保留至今的都是最为精要和成熟的表现形式，所以才能在藏族群众的日常生活中持久地带来视觉愉悦

① 鲁道夫•阿恩海姆. 视觉思维：审美直觉心理学. 滕守尧，译. 成都：四川人民出版社，2007：14.

② 贡布里希. 秩序感：装饰艺术的心理学研究. 杨思梁，徐一维，范景中，译. 长沙：湖南科学技术出版社，2000：10.

与美的意味。多样统一并不是体现何种“多样”或如何“统一”，而是对完美格调的整体感知。大卫·布莱特曾形容对阿拉伯式宫殿庭院阿尔罕布拉宫装饰形式的知觉体验：“对于那些很容易调动起自己情绪的人来说，这种体验就像在非常优美地冲击着他们的整个胸膛。我把这叫作‘切肤’之触感……这种体验唤起了我们被爱的和仁慈的内心情感——投射出内心的满足感。”[①]同样地，当笔者每次踏入充满装饰艺术的藏族家庭居室时，也会有相似的感受：饱满丰富的形态、恣意生长的线条、艳丽浓重的色彩、精妙无比的工艺肌质扑面而来，热情地涌入所有的感官与心灵。这样一种体验，无法不让人内心深受感动甚至震撼。就像音乐对人类的影响，视觉形式所具有的感染力能调整人的情绪，净化人的心灵，表达和塑造那些无法形诸笔端的情感。

四、视觉思维与意象升华

由于知觉以感觉为基础，传统的艺术理论研究将视觉观看理解为一种感性的范畴，并不具有理性的认知，甚至误认为理性认识是只有大脑和心灵才具备的能力。事实上，对装饰艺术的视觉感知是建立在对具体形象特征和经验认识之上的综合理解，它是审美主体进行抽象概括和形成完整表象的基础。这一过程不仅具有理性思维的本质特征，并且是帮助审美主体实现自由意象之境的必然过程。

（一）视觉感知具有思维本质

在人类所有的感知活动中，视觉是最敏锐、最有效的。阿恩海姆认为：“即使在感觉水平上，知觉也能取得理性思维领域中称为‘理解’的东西。任何一个人的眼力都能以一种朴素的方式，展示出艺术家所具有的那种令人羡慕的能力，这就是那种通过组织的方式创造出能够有效解释经验图式的能力。这说明，眼力也是一种悟解能力。”[②]他在此揭示了视觉与理解认知、审美判断

① 大卫·布莱特. 装饰新思维：视觉艺术中的愉悦和意识形态. 张惠，田丽娟，王春辰，译. 南京：江苏美术出版社，2006：184.

② 鲁道夫·阿恩海姆. 艺术与视知觉. 滕守尧，朱疆源，译. 成都：四川人民出版社，1998：56.

之间的紧密同步关系，并进一步阐明了视知觉的理性本质，从而弥合了传统观念中感性与理性、感知与思维、艺术与科学之间的鸿沟。当人们步入藏式民居室内空间，眼睛通过视觉情境捕捉到的装饰艺术风格，即是一种视觉思维的综合判断。当人的视觉捕捉到某些具体内容，并在其间进行来回观照的时候，就有了分析的思维特征。思维的认识活动是指积极的探索、选择，对本质的把握、简化、抽象、分析、比较，以及对问题的解决等，“没有哪一种思维活动，我们不能从知觉中找到，因此所谓视知觉，就是视觉思维”[①]。藏式民居装饰艺术中大量几何抽象图式的应用和形式美的构建法则，都是对混杂世界进行理性序列的整理和本质规律的把握，反映出观者的视觉感官对这些装饰图案有选择、期待和偏爱。观看过程中对图像本身的探索、识别、赞赏和批判，以及在注视图像时思索和理解相关问题，这些都反映出视觉思维同样具有直觉认识和推理认识两种特质。这进一步说明视觉感知具有思维的一切本质，用视觉观看的过程就是思维的过程。

（二）意象在感知中升华

意象是知觉媒介下一种想象活动中的内容显现，也是思维的一种形式。藏式装饰艺术中大量象征图像的运用就是意象思维的结果，因而意象是在形象思维基础上的感知升华。苏珊·朗格认为，“在艺术作品里，真正被创造出来的东西就是意象”[②]。通过意象创造出来的东西是自由无定的艺术抽象，正如中国传统美学主张的“大象无形”“写意传神”“似与不似”之妙。从自然万物或经验认识中取象、表象、观象，进而形成思维与事物相联系的意象，就是装饰艺术所具有的功能之一，也是决定选择特定装饰内容的关键因素之一。亚里士多德认为，直接的视觉是智慧的第一个也是最后一个源泉，心灵没有意象就永远不会思考，深刻揭示了视觉感知、意象、思维和心灵之间的关系，其中意象的作用至关重要。

---

① 鲁道夫·阿恩海姆. 视觉思维：审美直觉心理学. 滕守尧，译. 成都：四川人民出版社，2007：17-18.

② 苏珊·朗格. 情感与形式. 刘大基，傅志强，译. 北京：中国社会科学出版社，1986：57.

在意象生发的过程中，文化因子的潜在影响不可忽视。由于视觉体验和文化表达的双重需求，平面图绘与建筑立体空间的结合构建了美好世界的空间场域，装饰中大量象征图纹的运用对视觉思维的意象发挥起着一定的引导作用。民居装饰虽然弱化了宗教教义的传播功能，但它强化精神体验的作用仍然存在。那些伴随日常行为活动而映入眼帘或触手可及的画面，会对居住者的意象思维产生或多或少的作用，使他们可以借助想象力的发挥，将现实世界与理想世界相连接，在不知不觉中增强心灵的力量。对虔诚的信仰者而言，“内在于本然之心，无法以清晰明确的意念去传达，而只能以活跃于潜意识当中的灵动的感知成分去体察、证悟，以形成一种更加内在的造型性力量”[①]。这一感知过程，强化了生命的体验性。“生命即体验，体验即突破自身生活的晦暗性；生活体验即一种指向意义的生活，艺术体验即一种给出意义的艺术……通过艺术，人不仅同现实世界恢复了本真的联系，而且，他还可以在艺术中超越现实，预感全新的存在之来临。”[②]通过艺术追求无限，这正是人们需求和产生艺术的深层动机所在。因此，经由审美体验达致生命意义的理解，意象的发挥在审美活动中起了升华作用，它使对峙的主客体融为一体，达到一种“我在世界中，世界在我中”的境界，并使美的形式和特殊意象融合为一种有意味的形式，进一步内化为一种日常视觉需要。“藏族绘画思维中所考虑的是对实在的直接体验，它不仅超越智力的思维而且超越感官的知觉……它不是在一个短暂的时空中的瞬间实现，而被延长并最终成为一种持久的意识。”[③]在这种意识中，知觉、意象、理性认识等要素最终都浑然一体，成为内心世界不可分割的组成部分，并融入人们身体力行的实践之中，使他们拥有了区别于其他文化的心灵烙印。

可见，意象是借助于视觉感知来实现的，它是感知的深度体验，正如中国意境论中“言、象、意”三个层次的递进过程，充

① 纵瑞彬. 唯象是瞻：藏族传统绘画艺术思维方式的文化解读. 西藏研究，2008（2）：56-62.

② 王岳川. 艺术本体论. 上海：上海三联书店，1994：150-151.

③ 纵瑞彬. 唯象是瞻：藏族传统绘画艺术思维方式的文化解读. 西藏研究，2008（2）：56-62.

分说明了形式感知、想象、意境在艺术审美中的纵深存在模式。意象本身就是视知觉和思维的载荷物，从想象的萌芽到情感的激发，再到理性的分析与思辨，都是审美感知的过程，只是到达的深度不同而已。

第二节 装饰来源于人的审美需求

从以上关于装饰作用于审美感知的分析可以看出，知觉既是一种基本需求，又有一定复杂性，因为它的形成有多方面的动因。审美主体往往通过他们所创造的知觉客体（艺术）来满足这种复杂的需求。在所有通过知觉可以获得体验感的艺术（绘画、音乐、戏剧、舞蹈等）中，最清晰和最恒定的形态就是视觉图像。

甘孜州藏族群众作为民居建筑空间内居住与生活的主人，对装饰本身和装饰风格样式的选择，首先是其自主需求的体现，因而他们是藏式民居装饰艺术的真正创造者和受众。藏式民居装饰艺术风格在康巴地区的高度统一性，也反映了这一群体在装饰心理需求上存在的共性。那么，这些共性需求具体表现在哪些方面？又是什么因素决定了这些共性需求的存在？在本节，我们暂时将文化、情感、社会属性等意识形态需求置于次要地位，主要从视知觉心理需求的角度来分析藏族群众对装饰形式的必然选择。根据马斯洛的需求层次理论，人的需求从金字塔形最底层的生理需要到顶端的复杂心理需要，体现了各种层次，其间具有交叉融合性。知觉需要则体现为生理与心理的共同作用。对于藏族群众而言，装饰并非可有可无的附属品，它将形式表达与人的审美、情感和思维等紧密相连，是人们心灵意象和美化生活的重要需求媒介。尽管藏式民居特定装饰形式的流行主要源于藏传佛教文化的影响，但其存在首先还是基于居住者的审美需求。

一、知觉愉悦是最基本的美感需求

知觉愉悦即指知觉经验中令人着迷、陶醉、频频回味的美好感受。在知觉中，视觉的作用位居首位，它是人类认知世界的首要前提。康德曾经将装饰绘画艺术描述为“赋予对象以灵动，以为感性之悦”[①]，说明愉悦是装饰所具有的基本功能。自古以来，装饰的形式不拘一格，本质和功能却始终如一。家作为居住者按照主观意愿创造的生活空间，提供给家庭成员舒适宜居的感受。家与居住者之间构建的物我一体的亲密关系，是任何其他空间都无法比拟的。那么，如何才能通过装饰产生美的愉悦呢？装饰愉悦感的形成，实际上是人类生理因素与社会的、文化的、民族的等诸多因素相互交织的结果。同时，装饰愉悦感也是美学和心理学概念，审美愉悦包含了意象、感知愉悦和理性思考。其中，感知愉悦是美感产生的基础，相对于意象和理性思考，是美感需求最基本的层面，因为它与人的生理机制直接相关。格尔茨曾指出，人类学家分析人时是逐层剥开的，“剥开五光十色的文化形式，会发现社会的结构性和功能性的规律。依次剥开就会发现基本的心理学因素，剥开心理学因素就会留下人类生活全部大厦的生物学基础——解剖学的、神经学的因素”[②]。由此看来，对装饰的知觉愉悦是人类特有的生理本能和感觉经验，也是居住者美感需求的初始动机，文化表达及其符号表征需求则紧随其后。

按照格式塔的观点，完形与不完形都是一种视觉主动需求的结果。藏式民居装饰艺术所体现的格律化、秩序感、和谐统一等完形特征，以及从题材内容到工艺表现的预期性，满足了知觉的一般性愉悦。同时，那些为解决不完形而创造的丰富多样的变化形式，又满足了知觉刺激带来的创造性愉悦。因而，刺激感觉、满足愉悦感觉、改造不愉悦感觉，就是通过装饰产生美感的驱动力，装饰表现的过程就是追求完美的过程。知觉愉悦是进入美感体验的门扉，是进一步产生心灵体验的基本条件。一部艺术作品据之获得美的价值，就在于它的愉悦价值上，而这种愉悦价值又必定与心理需要的满足构成了因果关系[③]。从这层意义上来说，藏式民居装饰必然是满足人们对美好生活向往的一种美感需求型艺术。

---

① 转引自：吴可玲.“再认识”与“再表现”对装饰绘画创作的作用.美术观察，2013（13）：113.

② 克利福德·格尔茨.文化的解释.韩莉，译.南京：译林出版社，2008：48.

③ W.沃林格.抽象与移情：对艺术风格的心理学研究.王才勇，译.沈阳：辽宁人民出版社，1987：14.

二、基于自然环境的视觉补偿需求

自古以来，人类都是在对大自然的依赖与抗衡的过程中生存繁衍，并发展了高度的文明，创造了不朽的文化。这一过程和现象说明了一个常理：创造是生存的需要，特定的文化形式总是特定环境下适应生存需要的产物。对生活在横断山区的康巴人而言，面对延绵不尽、重重叠嶂、雄浑壮阔的山脉，人类的渺小力量显得无法与之抗衡，敬畏、神化、依赖、崇拜成为他们面对大自然的恒常心态。该地区大部分处于高寒地带，冬季霜雪期漫长，大片山脊荒芜，甚至常年覆盖冰雪。地理环境的特殊性使得整个地区的四季更迭缓慢，厚重、沧桑、孤寂等对大自然的感受早已映射并内化于当地人的视觉印象之中。“山河是一种慢”是现代作家焦虎三对康巴人文镜像的概括[①]，也是对当地生存环境时空感受的一种贴切写照。特别是当常年面对大自然熟悉而又单调的视觉情境时，人们很容易产生心理疲劳或视觉倦怠。因此，藏族群众对居室装饰的需求，以及他们偏好艳丽的色彩、多样的形态和丰富的图像，必然成为心理缺失的一种视觉补偿，以求在平淡乏味的视觉情景中增加新的刺激感知。在甘孜州各地，不同风格的民居都因装饰的绚烂而改写着大自然的贫瘠与荒凉。这对人与自然而言，既是一种内在生命力的激活方式，又是一种对环境常态的抗争形式。

雪灾、霜冻、地震、泥石流等自然灾害也常常侵袭这一区域。对外界突发灾难和人生遭遇不测的不确定性，使得当地人内心对安定感产生了强烈的渴求。只有在恒定有序的状态中，人才能安全地把握自身及周围的环境，知觉亦如此。所以，在居室装饰图纹中所构建的有规律、秩序化、数理化的结构及不变的题材和表现风格，就是一种与多变的自然现象相对立的恒定形式。有研究认为，艺术表现形式中的“平面化趋向”和“几何结晶体”，是源于在三维空间感知活动中对现实无序产生恐惧心理的一种拯救形式。人们在艺术中所觅求的获取幸福的可能，“在于将外在世界的单个事物从其变化无常的虚假的偶然性中抽取出来，并用近

① 焦虎三. 山河是一种慢：康巴地区人文镜像. 重庆：重庆出版社，2007：1.

乎抽象的形式使之永恒，通过这种方式，他们便在现象的流逝中寻得了安息之所”[①]。

以上既突破常态又寻求永恒的两种心理需求，产生了面对自然不同境遇下的视觉补偿动因，最终使甘孜藏式民居装饰形式与内容都通过有序化和多样化的有机统一得以实现。可见，人的心灵总是在变化与秩序之间寻找平衡。没有秩序就会迷惘，没有变化就会倦怠。无论是面对宏观的自然或宇宙，还是具体到个体行为，抑或是艺术表现形式，人类的需求最终都会指向平衡而达至和谐。

三、审美习性对视知觉需求的影响

审美的过程就是对美的感知和内涵体验的过程。这种感知和体验，可以从最初的视觉印象中获得，也可以在反复观看的过程中通过意象的记忆再现与印象叠加而体验到不同的感受。后者更多地来自审美习性，或者审美经验。习性即“习惯成自然”，指长久的习惯行为养成了性格的一部分，具有难以改变的特点，人们也常常对它的作用和影响视而不见。经验则更多地源自历史积淀性和普遍认同性。具有相似习性和经验的人，往往性情、爱好和需求也具有相似性，由此也会产生知觉的相似习性。

人类共有的习性特点是，如果不迫于某种目的去承受改变和创新的压力，便会倾向于接受熟悉的、易于把握的事物。因为变化容易破坏我们预设的未来目标，而习惯的可控性和延续性则能使目标更为接近，实现起来也更加省力。甘孜州各地藏式民居内部装饰如出一辙的共性风格，既源于藏传佛教绘画的习惯势力，也源于人们习以为常地接受这样的风格。在寺庙装饰范式对民居装饰的影响过程中，在师徒相授的技艺传承方式中，在对装饰空间和装饰内容的有意识选择中，俨然存在一种以社会习俗和宗教文化为主体的、不可逾越的关系秩序，最终形成建筑装饰的程式化表现语言和特定的形式风格。在这一过程中，审美习性的顽强势力起了重要作用。由于传统文化的长期影响，当地人从一出生

---

① W. 沃林格. 抽象与移情：对艺术风格的心理学研究. 王才勇，译. 沈阳：辽宁人民出版社，1987：17.

开始接触这个世界时，美的理想和审美价值判断便已经先于个体而存在。传统审美习性在潜移默化中逐渐根植于每个人的意识之中，他们从中所获得的那种美的理想，并不是一种自在自为的、个性化的、变幻不定的美，而是一种合乎信仰目的、美化功能、社会习俗等判断标准所固化下来的美。这种美学规范与文化的深层意识形态——道德观和价值观紧密相连。一旦有悖于这种规范，在传统社会中会被认为是愚蠢、无知或不可理喻的异类。审美的这些经验和价值特性本属于意识形态的理性因素，但却长时期地对知觉愉悦起着直接的控制作用。事实上，人的知觉是在社会条件的直接作用之下形成的，以往的知识和经验补充着知觉的内容。“没有过去的经验，对客观对象的感觉便很难构成完整的知觉。”[①]久而久之，感知的习惯便成为一种审美习性或知觉习性，知觉与审美意识融为一体，形成一种“心理直观”或“综合直觉”。它反映的是长期经验积累的产物，是知觉对事物本质理解后的感觉抽象，也体现了知觉需求中生理与心理、意识方面的相互作用。

四、营造特定空间情境的心理需要

在甘孜藏式民居的客厅或经堂，装饰图纹常常充满整个空间。大卫•布莱特认为，建筑的实质是内在空间的建筑，或被叫做隐藏的建筑，“只有人们进入到里面，深入到里面并在里面体验它们”[②]。这说明所有建筑的最终目的都是为了实现内在空间的需要，因为它是人们共同生存与生产活动的协作场所，而民居则是社会最小群体单位的生存空间。当然，建筑首先起源于安全稳定、驱寒取暖、休养生息等生存的基本需要。当这些基本需求得以满足后，人们便开始构筑精神世界所依存的真实空间，民居及其装饰就是应此目的而产生的。要改变材质粗拙的民居建筑原空间，装饰便承担起美化世俗生活和追求精神境界的双重需求。

藏族传统文化的信仰体系为装饰提供了内容和形式，其表现

---

① 王朝闻. 美学概论. 北京：人民出版社，2005：103.

② 大卫•布莱特. 装饰新思维：视觉艺术中的愉悦和意识形态. 张惠，田丽娟，王春辰，译. 南京：江苏美术出版社，2006：17.

的复杂与技艺的精巧程度都达到了无以复加的地步。感官不是纯粹的无条件接受信息的工具，知觉有改变现实缺陷的创造性需求，因而装饰的最大功劳在于：它通过艺术形式创造了一个全新、完整的视觉样式，而这种视觉样式最终与改变空间原型的知觉愿望相一致。对康巴人来说，即表现为他们努力通过装饰手段为自己的居住空间营造美观舒适的视觉情境。改变原型的愿望越强烈，通体覆盖装饰的可能性就越大，视觉情境的感受度也就越深切。外在空间的朴拙与内部装饰空间的繁华形成了鲜明对比，更加凸显后者在营造特殊氛围和视觉情境方面的优势作用。一位藏族老妈妈曾说，她不习惯现代式样的客厅，待在里面感觉心里空空荡荡的，没有藏式客厅那种看得见的实在感觉。这种感觉的存在也许部分源于视觉习惯，但至少说明装饰塑造的视觉情景对居住者的心灵意愿有帮助作用，它已经成为藏族人审美体验中不可缺少的部分。特别是对虔诚的信徒而言，在家中念经、拜佛、敬佛是必要的日常仪式，生活的环境一定是有助于增强信仰力量的空间。这些富有意味的装饰形式契合居住者的精神追求，并起着某种提示与催化的作用。

对甘孜藏式民居装饰艺术，外来者往往更多地从视觉愉悦和形式美感的角度去体验，从而获得一种直觉上的整体理解，或惊赞其形式之美，或臆想其内在的神秘含义。这种新鲜的知觉体验更为纯粹和强烈，其形式更能激起内在生命活动的片刻回应。然而，对生活其中的藏族人来说，装饰图式中还积淀着过去的经验和特定的期望，形式意味和内容意义中隐含的力量更能满足他们深层的心理需要。也许，当对形式的知觉感受已成为一种融入生命与生活的自然习性，视觉的愉悦与情感体验程度就会在熟视无睹中逐渐趋于平淡。然而，借此获得的内心力量却有增无减。因此，装饰艺术对居住者所起的潜移默化的内在作用是强大而无形的。它超越了外在可见、可感知的常态体验，但却只有通过这一知觉途径才能够实现。

第三节　形式与情感的同构性

本章前两节着力分析了人的审美感知、审美需求与装饰艺术之间的关系，本节主要探讨人的内在情感与装饰艺术之间的关系，而且是二者关系中最为深层的互动与交流，这是审美体验过程中的高级层次。装饰既是藏族群众生活中的重要组成部分，也必然与其生命状态和情感需求密切相关。

艺术如何表现并作用于人的生命情感，一直是美学探索的本质问题，该领域的研究也被称为“生命美学”。中国的道家学说是真正东方式的生命表现论，其“天人合一”的最高境界，也就是指主宰个体生命情感的规律与宇宙万物的“道”是相统一的，所以体验自然的真谛，即是体验人内心情感的真谛。中国书法中的“线的韵味”展现了个体情感的运动轨迹，而中国绘画中的“意境”则揭示了人类情感的普遍归宿，这些都共同指向以情为本的审美生命境界。东西方对于艺术表现与情感中的“道”有着不同的理解。阿恩海姆将其看作是一种心理学范畴的“力”，西方的移情说、符号说、直觉说、表现说等艺术思潮，都把情感当作艺术表现的主体，目的在于把艺术的本质与人类的生命本质相统一。其中，苏珊·朗格是最具代表性的学者，她的著名观点“艺术是人类情感的符号形式的创造”在20世纪中期的美学领域颇具影响力。她在著作《情感与形式》中，特意将装饰图案作为这一观点的试金石进行全面阐述，以证实装饰图案作为艺术所具备的本质特征。本节即借用她的视角和观点，以甘孜藏式民居装饰图案为剖析对象，来理解藏式装饰艺术的生命美学特征。

一、装饰艺术所具有的表现性

一直以来，表现性都是艺术的核心本质。关于装饰是否具有表现性，从古至今就存在许多争论。有学者将艺术作高级艺术与低级艺术、完善艺术与附属艺术之分，认为装饰因主要功能在于“愉悦感官”，仅具有美化的附属价值，而缺乏表现的主体价值。朗格对此种看法提出了批判。她分析了装饰图案形式与人的生命特征（运动、情感、幻想、意象）之间的互动回应关系，总结出“装饰是表现性的，它不是适当的感官刺激，而是荷载情感的基本艺术形式”，“装饰图案为感觉者提供了视觉逻辑，在装饰形式的结构中变得显而易见的视觉原理，就是视觉艺术的原理”，

“它为表达基本生命的节奏而发展了可塑的形式”。[①]她所建立的这些艺术概念，既具有特殊意义又具有普遍适用性，适应于对所有视觉艺术的阐释。而装饰具有艺术的两个最本质特征——“生命力”和“表现性”，其作为艺术的主体价值由此被充分肯定。

滕守尧提出了衡量表现性深度有一定的标志，包括从审美对象本身的结构复杂度和其中各种相互作用力的强度来衡量，而且表现优于再现。前者涉及作品呈现的形式，后者则关乎作品的表达方式。藏式装饰艺术形式语言中各种结构之复杂程度在前面的章节已作过论述，而图案中各种方向和重量的力所导致的心理张弛感本身就是对生命活力的激发，并随着形式感的强化而增大。形式感重于原型，表现大于再现，是其显著特点。“将一件艺术作品的表现性置于突出的地位，而使其再现的东西为表现服务。在欣赏这样的作品时，其表现性质总是具有先声夺人的气势，首先为知觉把握。这时，形象究竟再现了什么，就显得不那么重要了。在艺术中，欲想达到这样的效果，就要将事物的寻常形象加以变形或使之模糊，在‘似与不似’的状态中将某种与内在情感同形的力度变化展示出来。”[②]的确，原型的再现只会带给人一种相关的联想，而似与不似却创造了想象的多种可能性、意义的不确定性和整体物象的神秘性。观者置身于布满装饰的民居室内，首先进行的不是对某种再现物体的形象识别，而是知觉对空间情景的整体把握。人的个体意识被环境的浓烈氛围所消减，此刻人的感受与客观对象融为一体，借由感知与意象的翅膀通达至情感涌动的境界。情感是人类生命最重要的特征，表现即是内部情感活动的外在呈现。艺术表现有别于自然情感表现，它不是宣泄，而是人们借艺术活动发现、认识和表达情感，又借艺术符号形式去反复体验和交流情感，实则是对人类情感本质的意象化、明朗化和提炼化的理性过程。用朗格的话来概括装饰图案的表现性，“纯装饰性图案就是具有生命力的情感向可见图形与可见色彩的

① 苏珊·朗格. 情感与形式. 刘大基，傅志强，译. 北京：中国社会科学出版社，1986：74.

② 滕守尧. 审美心理描述. 成都：四川人民出版社，2022：168.

直接投射”，“它就是‘生命’形式”。[①]

藏式民居装饰图案无疑是极具表现力的艺术形式。它首先呈现给观者的是一种视觉表象的愉悦感知，这是图案作为装饰所具有的基本视觉心理功能，是视觉感官遭受刺激而带来的美的体验：艳丽的色彩和丰富的花纹有序组合在一起，各种势的张力或者美的形式在滋生和蔓延，构筑起一个具有真实维度、可见可触及的美丽空间。这是一般人认识到的图案具有的装饰“美化”价值，装饰成了一种以某种方式使视觉表象更加引人注目的附加手段。事实上，在感知这些装饰图案之美的同时，人们的内心必然会受到这些形式感知的冲击，心灵随着流动线条的指引在整体扫描与局部驻停之间来回振荡，时而紧张时而舒缓，时而注视时而运动。这些充满“活力”或“生机”的形式必然带给观者一种意味明确的直觉感受：装饰图案表达着藏族人民热爱生命与生活的强烈情感，就连宗教的神秘与威严在装饰的热情中也变得亲切起来。在这里，知觉不再是被动的体验，而是跟随这些激发情感的“生命”形式变得跃动起来。这种“活”的形式往往激发观者对其内容深层意义的进一步关注和探索：这些图案象征着什么意义？为何如此深受喜爱？与居住者的生活有何关系？知觉总是和思维紧密相连的，正如格式塔心理学的观点：“一切知觉中都包含着思维，一切推理中都包含着直觉，一切观测中都包含着创造。”[②]观看藏式民族装饰图案的过程本身就是感知、推理和创造的过程，只是不同文化背景下的观者对这一过程有着不同的认知结果。

从以上分析可以看出，不论图案的深层意义如何，仅仅从对形式的感知就能认识到：静态的装饰艺术其实极具能动性和表现性，它无疑是一种蕴含着特殊意味的生命表现形式。不仅如此，装饰艺术与所谓个性化的“纯艺术”有着不同之处。它是集体情感意识的结晶形式，是历经时间沉淀和共同选择的结果，是文化特性高度符号化的形式，而非个人自我意识和个性特质的表达。

---

① 苏珊·朗格. 情感与形式. 刘大基，傅志强，译. 北京：中国社会科学出版社，1986：75.

② 鲁道夫·阿恩海姆. 艺术与视知觉. 滕守尧，朱疆源，译. 成都：四川人民出版社，1998：5.

从这个意义上来说，装饰艺术更具有其所属民族或族群文化的本质属性，是时间的检验让它的表现性成为了经典的表达范式。这种恒定的表现性，往往能最大范围地激发受众群体的内在情感，并且最大限度地满足其心理预期。

二、艺术形式与生命形式同构

人们常用“充满情感”者“栩栩如生”来评论艺术作品，这种比喻实际是将审美对象人格化、生命化的移情理解。形式是美感的基础媒介，因此朗格认为艺术形式与我们的感觉、理智和情感生活所具有的动态形式是相同构的，两者之间有着相似的逻辑形式[①]。正是这种同构关系，才使观者能够通过直觉体验和意象作用实现对艺术作品中情感的把握。她将生命的逻辑形式总结为生长性、运动性、节奏性和有机统一性这四个方面的基本特征，这些特征恰恰也是人类精神与情感活动的深层次心理结构。艺术作为人类活动创造的符号，自然成为生命形式的表征与痕迹，并通过人的审美体验被激活，达到生命形式与艺术形式相通合一。

（一）运动性

运动是生命存在的基本条件和显著特征。因为运动，生命才会产生鲜活的姿态和永不停息的变化。运动让生物识别空间，感知方向和距离。然而，装饰艺术的运动性体现在哪里？朗格认为来自于其中的线性形式，“运动在逻辑上与线性形式有关；而且，在线条连续、支承的图形又倾向给它以方向的地方，人们对它的感知就充满了动的概念”[②]。显然，艺术的生命动感源于对形式语言的感知作用。审美体验是一个逐渐深化的过程，由感知进入联想，进而升华到意象，并通达至意境的生命世界，实现了形式与情感的同构。

在藏式民居装饰艺术中，线的运用呈现两个突出特点：一是直线作为边饰大量被运用。直线结合图形，通过连续与重复构成，在特定的空间画面中将观者的视线向上下、左右反复引导，产生

① 苏珊•朗格. 艺术问题. 滕守尧，译. 南京：南京出版社，2006：24.
② 苏珊•朗格. 情感与形式. 刘大基，傅志强，译. 北京：中国社会科学出版社，1986：78.

视觉的循环运动，也体现了力量之势能与速度感。二是由曲线构成主体纹样的普遍形式，如各种人物、瑞兽、植物、云水等都是流动的曲线造型，让人自然联想到运动变化过程中的生命气息。直线和曲线都在图案中呈现出强烈的生命感，正如康定斯基对线的属性所作的分析，直线由于其张力，在最简洁的形式中表现出运动的无限可能性，而曲线的运动张力在于弧的存在，使其产生了韧性与弹力[①]。由线所产生的视觉诱导的力度是强烈的，眼睛真正成为心灵和情感之窗，观者内心感受着由表及里的刺激，变得不再平静，激动、兴奋、赞叹和追问由此构成其体验生命形式的常态。

（二）生长性

生长与运动相辅相成，生长即是一种运动，运动促成生长。生命实体生长的过程就是摄取外在营养于体内产生新陈代谢的运动过程。在静态艺术形式中，生长则表现为一种观者的心理活动体验。“图案确实在表达着比运动更为复杂的东西，这就是生长的概念。”[②]在藏式民居装饰图案中，生长的概念同样体现为两种形式：一种仍然与动感的线条相关，因为线的运动为知觉指引了方向，拓展了生命感知的空间。“绘画中一切运动无不是‘生长’——不是所画之物如树的生长，而是线条和空间的‘生长’。”[③]因此，艺术中所有具有方向性的运动形态都表现出生命形式的生长性特征，螺旋、蔓须、卷草、缠枝、云、绵长等纹样，无一不在舒卷、伸展和蔓延，就连火焰纹也呈现向上燃烧的生长态势，迸发着内在的声音。另一种则体现为主体纹样的扩张与几何框架所产生的力量之抗衡。藏式民居装饰的表面受建筑实体结构的限制，被分割成无数的空间力场，其视觉中心的主体纹样（如各种瑞兽纹的形态）本身就彰显着生命的动能。外在框架所产生的场域一方面强化了主体纹样，

① 康定斯基. 康定斯基论点线面. 罗世平，魏大海，辛丽，译. 北京：中国人民大学出版社，2003：35-53.

② 苏珊·朗格. 情感与形式. 刘大基，傅志强，译. 北京：中国社会科学出版社，1986：77.

③ 苏珊·朗格. 情感与形式. 刘大基，傅志强，译. 北京：中国社会科学出版社，1986：76.

另一方面又对其起着限制作用，使其服从于自己的力量规范。因此，生命的自由伸展为突破框架束缚而产生的张力，促成观者对其生长力的感知。朗格称具有这些特征的艺术形式为“生长的符号化形式”，由其所表达出来的情感基本形式就是生命力的感觉，一种最基本的生命体验。

（三）节奏性

节奏同样体现于生命的动态形式之中。一种生命现象之所以能够持续不断地存在和发展，就在于它按照相应的节奏，有条不紊地进行着能量交换。例如，呼吸和心跳的律动就是生命存在的基本表征。但朗格认为节奏不是重复单一的运动，而是一种完整的机能连续，这种连续原则是生命有机体的基础，它给了生命体以持久性。[①]因而有规律性的重复，如脉搏跳动、钟摆运动，其本身并不等同于节奏，而是人感受到了节奏，将其组织成一种生命和时间的持续形式。所以，节奏感是一种生命感知能力，是人类利用理性直觉将节奏抽象地转化为一种创造性的表现形式，即符号化的提炼与组织。

在视觉艺术中，形式语言的重复和连续运用是节奏感的基本体现。藏式民居装饰中大量使用“元素重复”和“连续建构”的表现手法，以形成单元化、格律化的边饰图案，如连珠、莲瓣、长城箭垛等纹饰。多层次边饰的连续组合运用，极大地增强了藏族图案的节奏性。然而，把握规律只是对节奏的简单理解，节奏还包含变调性、运动的完整性等多重特征。对藏式民居装饰图案生命节奏的感知应更多地体现于形式中相互关联的变化，如点的断续与聚散、线的伸展与回旋、色彩的渐变与呼应、形态的位移与穿插，所有这些要素在各自的领域形成一种强弱、轻重、缓急的节奏对比，犹如“大珠小珠落玉盘”般地激荡着人的心灵情感，展现着让人怦然心动的生命之美。

（四）有机统一性

生命体的每一部分都是紧密相连、相互依存、不可分割的。

① 苏珊•朗格. 情感与形式. 刘大基，傅志强，译. 北京：中国社会科学出版社，1986：146.

内在结构的有机性和生命的完整性是实现和谐统一的两个关键环节，也恰好是检验艺术作品的两把基本标尺。

在藏式民居装饰图案中，有机性体现为各要素即不同的形态、色彩、题材、肌理之间特有的构成方式，这种方式使原来的要素不再具有独立特性，而成为整体属性的部分，或者被分解和重新利用后，经过不同组合，意义发生了完全的改变。例如，米字纹本是一个单独的符号，但通过有机组合可以形成二方连续的边饰或八方延绵的底纹。装饰图案的形态、色彩等元素都可以根据整体需要而灵活变化，因为知觉体验不是对元素的机械相加，而是对整体形式的直觉把握。

在藏式民居中，被分割的每一个装饰空间既是一个独立的画面，又是整体内容和形式不可缺少的一部分，其完整性不仅体现为造型、题材、技法、意义、功能方面的匹配度，也体现为各要素、各部分之间巧妙的、有机的结构组织。例如，图纹和色彩的穿插与呼应、适合纹样与角隅纹样的固定搭配、组合图符的并置罗列等，这些遵循形式美的法则或特殊的构建方式被朗格称为“特定的安排”与“神圣的契合”。因为符号的意义弥漫于整个结构之间，结构的每一链接都是个体符号幻化为整体意义的升华。如果违背了这种安排与契合，艺术作品或者生命的完整形式就会被打破。图案的有机性促成了统一性，统一性也融合了有机性，二者互相构建了完整的装饰图案体系，使其呈现出别具一格的艺术风格。

藏式民居装饰图案的艺术形式虽然与人的生命形式同构，但却在静态的空间框架中产生，从形式的格律化和程式化的角度来说，它又被称为“羁绊艺术”。然而，这一空间最深刻的感觉却是其中充满着动态的永恒。只要真诚凝视，与之交流，必然激起内在生命的感动。最终，艺术形式与生命形式融合为一种审美的享受。

三、生命情感的符号化表达

朗格认为艺术是人类情感的符号形式的创造。她从人类的生命层面关注艺术形式中存在的共性与普遍规律，以阐释所有艺术中情感与表现形式的关系。这里的“情感”是指人类普遍共有的情感，包括感情、情绪、感觉等所有赋予生命以色彩和深度的东西。情感原本就以某种方式蕴含在每一种想象形式之中，为一种可感知的本性特质。符号即是情感的外在显现，“符号性的形式，符号的功能和符号的意味全都溶（融）汇为一种经验，即溶（融）汇成一种对美的知觉和对意味的直觉”[①]。通过对符号的审美感知，借助思维和想象的作用，观者不仅能体验到情感，还可丰富充满情感的人生。按照朗格的艺术观念来理解，藏式民居装饰图案无疑是藏族人民生命情感的一种有力表现形式。它的最本质特征在于，展现了藏族群众在艺术创造活动中共有的一种以生命本能为基础的、受文化影响而潜藏的视觉经验。这种经验源于藏族群众对美和创造美的内在需求，以及他们对生命形式的深刻写照。

绚丽多彩的装饰艺术是对现实生活的心理补偿，运动、生长、节奏和有机统一的形式特征在此与生命的动态结构息息相连。结合对具体内容的理解，居住者在其中体验了愉悦、激情、安宁等生命内在情感，这一需求和体验过程本身就是生命形式，而形式与情感最终成了相互依赖，彼此不可或缺的整体。装饰艺术恰如一泓深潭，潭的表面如一面镜子，折射出与观者内心相一致的影像，而只有潜入深邃的潭底才可以了解它的生动存在。从审美移情的角度来看，由于形式与情感的互动交流，审美感受把自我活动移入对象中，将对象作人格化的关照。这与著名书画家王羲之所说的“点画之间必有意”或郑板桥所画“胸中之竹”有相似的意境，说明主体与客体的契合是以主体为主导的，主体享受到的是和自己的生命意象相契合的客体情态。所以，“我们在一部艺术作品的造型中所玩味的其实就是我们自己本身，审美享受就是一种客观化的自我享受，一个线条、一个形式的价值，在我们看来，就存在于它对我们来说所含有的生命价值中，这个线条或形式只是由于我们深深专注于其中所获得的生命感而成了美的线条或形式”[②]。

① 苏珊·朗格. 艺术问题. 滕守尧，译. 南京：南京出版社，2006：42.

② W. 沃林格. 抽象与移情：对艺术风格的心理学研究. 王才勇，译. 沈阳：辽宁人民出版社，1987：15.

显然，朗格对艺术本质的一切分析都源于对形式的感知和普遍情感体验，这也是在对艺术符号进行解释时要研究的本体问题之一。但她忽略了审美情感生成的复杂因素，包括社会、文化、时代、民族、理性实践等因素对艺术作品和审美情感的必然影响，特别是没有触及装饰艺术的具体内容（题材及意义、价值观念）对情感的作用。在某些情况下，内容的意义能够直达情感的深层需求，与之产生心灵的交流与回应。她也忽视了制作技艺的“表现性”与“生命力”，更没有触及工艺诗学作用于生命情感的对话，因而她的阐释仍然具有片面性。要将生命美学观应用于对装饰艺术的全面解读，在其艺术的共性和普遍性特征基础上必然要融入群体文化的特殊性。装饰艺术作为甘孜藏族群众生命情感的符号化表达，必然承载着当地群众在思维方式、价值观念和象征意义方面的多重内涵。随着时代的变迁，当地的开放性、社会的参与性都使得审美主体及其情感体验呈现更加复杂化。装饰艺术不仅是情感的投射，还是形式和内容的再选择、再创造，并带来全新的情感体验。正是这些可变因素的客观存在，反过来又促使我们对装饰艺术本体的共性与恒定性进行分析和再思考。可见，从对形式的感知触及情感回应，朗格的理论仍然只能用于解释艺术的一般原理，并不能涵盖所有文化内核。然而，她从生命形式与生命情感的角度深入剖析了视觉艺术的本质——“表现性”与“生命力”，实现了审美主体与艺术本体的合一。因此，这一理论在解读藏式民居装饰艺术的生命美学意味时，仍然具有重要的价值和意义。

小　结

通过以上分析，我们可以认识到审美体验是艺术本体的重要组成部分，因为从感知的初级体验到借助意象的动力而逐步达至情景交融、情思妙合的深度体验境界，最终实现艺术世界与人的内在世界相统一，这正是装饰艺术的本质特征。由此，我们可以得出一些基本认识。

首先，审美感知是艺术与人的中间环节。它在主体与客体之间构建起桥梁，让见与被见之间产生了互动。被感受到的物质形式通向人的内在精神领域，唤起生命情感，强化了美好体验，并从中丰富了生命的价值和意义。如果没有感知这一环节，艺术品和人就是两个不相关联的世界。

其次，人的审美需求是艺术生成的动因。艺术形式只有和人的需求始终相一致，才具有强大的生命力和影响力。装饰艺术的长期存在和在民间的广泛普及，满足了藏族群众的心理需要，而审美感知是其中最基本的需求层面。特定的需求与相应的形式之间实际是一种“因”与“果”的关系。甘孜藏式民居装饰艺术形式正是从不同的角度满足了藏族人民的审美需求，因此才得到人们经久不衰的热爱。

最后，艺术形式与生命情感的同构是审美过程中的高层次体验。甘孜藏式民居装饰艺术作为当地藏族群众生命情感的符号化表达，不仅通过美的形式与人的内在生命形式相回应，而且其表达的内容与藏族群众的价值观、行为道德规范、对待生命的态度、现世理想、生存意义等都存在高度的契合性，并最终融汇为一种混沌情感的符号化表达，使其充分迎合了审美主体的知觉体验和心理期盼，从而与居住者的生命过程紧密相连。

第五章　藏式民居装饰艺术的风格分析

“风格”一词源于希腊语stylos，其原意是“锥子”和“一把用以刻字或作图的刀子”，后来被引申为“作品的特殊格调”“艺术作品的气势”等含义，在英语中对应style，以stylistics表示风格学。[①]风格作为一般术语指的是对象的整体风貌和格调，是各种特点的综合表现。艺术风格是指艺术家和艺术作品相对稳定的艺术特征，是作品的内容与形式有机统一所呈现的整体艺术特色。风格的形成是艺术发展成熟的表现。对装饰艺术而言，其形式主要通过特定的材质、工艺、形状、色彩等要素相融的物质层面来呈现，内容反映的是它的题材与意义。前者带给人们视觉上的愉悦，后者则传递着精神上的力量。这些要素的融合，构成了装饰艺术鲜明的风格特色，使人们能够感受到一种不可替代的美，著名美学家王朝闻称之为“一种难于说明却不难感觉的独特面貌”[②]。

艺术风格还可以从不同的方面去定义其性质和内涵。传统意义上艺术“风格”的含义通常有三种表现：个人气质、民族情感和时代精神。因为任何风格的作品都出自具有不同个性的艺术家之手，而艺术家和作品都与其生活的时代、阶层、民族紧密相关，并且受其影响和制约。沃尔夫林则认为，艺术作品的这三种属性都没有涉及视觉艺术作品的本质——美的显现方式，只有“形式”意义上的风格才是视觉艺术区别于他类艺术的本质风格。我国美学家王国维也持有相似观点，他认为“一切之美，皆形式之美也”[③]。对甘孜藏式民居装饰艺术而言，首先是审美可感知的形式风格，然后才是内在可理解的精神风格。

在艺术风格的研究领域，沃尔夫林是20世纪初的著名代表性

---

① 黎运汉. 汉语风格学. 广州：广东教育出版社，2000：1.

② 王朝闻. 美学概论. 北京：人民出版社，2005：285.

③ 转引自：陈衡望. 中国古典美学史. 长沙：湖南教育出版社，1998：1169.

人物。他通过对古典艺术和巴洛克艺术的比较，探寻了不同历史时期艺术风格差异性背后存在的共性，并提出“线描和图绘、平面和纵深、封闭性和开放性、清晰性和模糊性”四对在视觉艺术中共存的风格特征，以此作为“装饰”和“写实”两种风格分类的普遍准则，并且认为前者具有“风格的美”而后者具有“风格的逼真”。[①]于小冬以藏传佛教造像为考察对象，对藏族绘画风格的发展演化进行了研究，并提出宗教审美理想的类型化、画面组织的程式化、造型单元的符号化、视觉效果的平面装饰化是藏传佛教绘画风格的基本特征。[②]可见，国内外艺术风格的研究者大多从“历时性”角度出发，重在从艺术史演化过程中探寻风格的本质。本书则尝试从被考察区域的“共时性”现象着手，对甘孜藏式民居装饰艺术的风格进行分析。

第一节　风格的共性与差异性

这里的风格，首先是形式风格。在甘孜州各地的藏式民居装饰艺术中，存在着两个层面的形式风格特点：一是民居内部装饰风格的共性大于其差异性，二是民居外部装饰风格的差异性大于其共性。这两方面既相区别又融于一体，其中，装饰风格的共性显示了甘孜州以藏族传统文化为主体的基本特色，差异性凸显了甘孜州地域文化的多样性，二者构建了康巴民居风貌的显性特征。

一、形式风格的共性特征

人作为审美主体，通过视觉感知从装饰艺术风貌中获得整体感受。如果将这种感性认识进一步概括、凝练为某种观点，便能帮助人们实现对形式风格的理性认知。沃尔夫林的理论曾被视为传统艺术风格研究的不变法则，但其忽略了各种艺术在自身土壤上发展起来的特殊性。每一种形式艺术，都必须按照对应于其特殊内在形式而产生的标准进行发展，并用这样的内在标准进行评

---

① 沃尔夫林. 艺术风格学：美术史的基本概念. 潘耀昌，译. 沈阳：辽宁人民出版社，1987：2.

② 于小冬. 藏传佛教绘画史. 南京：江苏美术出版社，2006：9.

判。本小节从装饰艺术的本体视角出发，结合审美感知所作出的判断，将甘孜藏式民居装饰艺术的形式风格的共性特征归纳为五对“共存”的概念。

（一）细节的繁复感与整体的情境感共存

“华丽繁复”往往是观者对甘孜藏式民居装饰的初始印象。无以复加的花纹伴随着鲜艳的色彩通体覆盖室内的墙体、梁柱、家具、门窗乃至整个屋顶，充满想象力的祥瑞动物、卷曲的植物花纹、各式各样的神秘符号与层层叠叠的雕刻融合在一起，不存一丝空隙地布满整个装饰空间，呈现出繁花似锦、热闹非凡的景象。这种装饰的复杂与精致程度，与其所依附建筑的粗拙及室内其他生活空间的简朴形成了鲜明对照。不难发现，藏族群众对这种繁复风格的偏爱似乎已经达到了一种极致，他们终其一生勤俭节约，但竭尽所能地将居所装饰推向奢华境地，仿佛只为建造一座人神同住的宫殿（图 5-1），而经堂装饰又是其中最重要的部分（图 5-2）。这种将财富的创造和积累体现在追求居住空间的装饰艺术中的做法，就是为了实现这种美的理想。对他们来说，这种装饰不仅带来了视觉愉悦，获得一种美好而温暖的心情，还伴随着一份荣耀、尊贵、优雅、体面的品质彰显。

图 5-1　起居室的装饰

图 5-2　经堂的装饰

对崇尚简洁风格的现代都市人而言，过度装饰带来的也许是一种视觉的烦缛。但当人们置身其中专注于感知，会发现原来看似繁复的花纹实际别有一番情境：热烈而温馨的色调统摄了整个空间氛围，各种图纹的有序组合、单元的条理分割、格律化的布局方式，都符合数理特性和视觉流程的内在逻辑，各类自由生动的主题纹样各显神采并和谐共存，整体空间呈现出强烈的情境感。在感性与理性经验的交织中，观者必然体会到独特的格调之美，没有突兀，没有不协调之处，一切内容都无比贴切地被安排在合理的装饰空间。繁复感与秩序感、多样性与平衡力，在装饰图纹中既融为一体又形成明显的对照，使装饰成为藏式民居建筑形态中最容易被视觉感知的部分。可见，格调是特定情境中审美体验的高级存在形式。

（二）线的极致与色的无限共存

藏式绘画始于墨线的勾勒，彩线的强化和完善是重要步骤，这也构成了彩绘填色的基础。“线的极致”体现在三个方面：一是其存在的独立性。线决定了形象塑造，在装饰中独立发挥着内容构建作用。色彩却要依附于线的存在而存在。因此，藏式彩绘中可以存在没有填色的装饰，但一定不存在没有线的装饰，如少数经堂装饰有黑唐、金唐或赤唐，皆为单纯以线绘制的唐卡。二是其高度的精练性。甘孜藏式民居装饰图案中的线，十分讲究物象表达的准确性、表现的流畅性、描绘的精致性、布局的疏密性及高度的概括性，充分反映制作者的水平，并决定着装饰艺术的质量。三是其理性规范作用。装饰图案中的直线和几何化的曲线，通常是人类对自然形态的一种抽象化表达和秩序化整理的结果。直线和曲线相互结合，凸显了线所具有的内在张力，同时也使装饰艺术呈现出阴柔与阳刚、格律与自由、灵动与静定等对立统一的形式风格。

在单纯线条所勾画的轮廓之内，色彩的运用穷尽其丰富性。随着新勉唐派标准式样的简化与通俗化，装饰审美趣味逐渐民间化，色彩运用变得极为大胆且无色不有。所有高纯度色彩都通过渐变推移被推向了变化的无限可能性，冷色、暖色、深色、亮色共聚一堂，艳丽丰富且对比强烈。它们互相穿插、相互映衬，极尽展现之能事。有时，色彩的丰富性甚至掩盖了线的存在，构成了一个色彩斑斓的知觉世界。“颜色是直接对心灵产生影响的一种方式，色彩是琴键，眼睛是音槌，心灵是绷满琴的弦……色彩的和谐只能以有目的地激荡人类灵魂这一原则为基础。”[①]如果“眼花缭乱”是对其色彩的直观感受，那么“有条不紊”恰恰归功于线的条理性。线与色共同构建了甘孜藏式民居装饰图案丰富多样而又井然有序的风格特征。

（三）题材固化与造型多样化共存

在甘孜藏式民居装饰艺术中，所有符号、尊者、神兽、花草、瑞果、文字等元素，均作为文化传承的象征图式和符号被固化使用。这些题材在特定的位置被赋予特定的意义。例如，神圣而慈悲的佛像，必然居于经堂供奉区域的中心和上位；动物题材中龙、象、虎、雪狮、大鹏鸟、塌鼻兽等威严神兽，常常被绘制于厅或堂的视觉中央或上方区域；六长寿、财神牵象、和气四瑞等生活化的题材，一般被绘制于客厅主墙或门廊内墙。这些题材历经历史筛选与时间考验，其价值内涵已深深融入藏族群众的精神世界，

---

① 康定斯基. 康定斯基论点线面. 罗世平，魏大海，辛丽，译. 北京：中国人民大学出版社，2003：4.

并在装饰应用中严格遵循着约定俗成的规范。

然而，具体到表现形式上，由于绘制者的经验与技艺各异，即便是同一题材，也会呈现出多样化的造型模式。例如，四方神兽、福寿三多、财神牵象等广受欢迎的题材，在每户家庭中都能找到独特的造型；一些灵动的符号组合之后产生了新的纹样，云、莲花、卷草、寿字等符号的变体多达几十种；一些图纹受不同边框的限制变化为新的适合纹样，如团龙纹、行龙纹、回龙纹等。一方面，题材的固化使用反映了藏传佛教内容和艺术传承方式的严谨性；另一方面，造型的多样化也体现着藏族群众理解方式的灵活性和手工艺人的创造性发挥。

（四）平面装饰与空间表现共存

用线描和填色构建的平面化装饰特征，是贯穿藏族彩绘历史的常用手法。虽然写实绘画和摄影技术对它产生过影响，但仍然没有改变其基本风格。在这里，透视、光影、质感、体积等西方绘画造型原理得不到体现，也没有传统中国画缥缈玄妙的水墨意境。平面装饰艺术所呈现的是一种老百姓熟知的、经验性的表现方式，使老百姓能感受经典艺术形式并识别其内容意义。它通过符号化语言激发观者的观念性理解和想象，而非直接反映现实物象的真实性或堆砌肌理材质。正是因为普遍采用了平面化表达，才使得绘制者在形态、色彩、构成、技艺方面追求极致的表现力，从而在居住空间中创造出无比丰富的视觉层次，大大刺激了人的视觉感知。从民居的整个室内空间来看，虽然图纹覆盖于每一个被装饰的平面，但结合墙体、檐廊、梁柱、家具、器皿等实体结构的变化，整个装饰场域形成了立体的空间维度，弥补了平面空间的表现局限，使居住者突破了“看”的单一性，增强了身“临”其境的沉浸感。

（五）表现技法与工艺诗学共存

所有甘孜藏式民居都以彩绘结合雕刻作为基本装饰技法，其形式语言和表现方式都具有相似性。画师或雕刻师在具体制作过程中遵循或沿袭传统规范，从而形成了康巴地区乃至整个涉藏地区民居装饰艺术的同质化风格特征。尽管横断山区的藏式民居外观风格多样，但步入建筑内部，人们会发现其装饰风格在空间布局、基本功能、内容题材上存在一致性，尤其在装饰技法和表现方式上趋于相同，因此给人以“千篇一律”或“大同小异”的印象。

然而，正是这种表现技法上的趋同性，激发了所有艺人对制作技艺的极致追求，并促成了技艺层面上更加细分的地域风格派别及其代表性艺人的诞生。在工艺上追求精益求精是藏式造型艺术的历史传统，这既体现了艺人们对独特审美价值的尊崇，又是社会评价其技艺水平的主要标准。工艺诗学“如果不考虑用途或功能，就其对它们的追求是为了刻意的优雅而言，它们呈现为纯粹的形式”[①]。在审美领域，“工艺诗学”就是对技艺极致及其形式表达的高度赞美。虽然民居装饰的要求没有寺庙绘画要求那么严格，但在制作过程中，对材料基质的雕琢处理、颜料的研磨调制、色彩的层层晕染、线的堆画和描金等环节都非常严谨而考究。没有任何证据可以确定，仅凭匠人的想象力就能够产生一定风格的形式，而无须经过技术活动的指引。“只有高度发展而又操作完善的技术，才能产生完美的形式。所以技术和美感之间必然有着密切的联系。”[②]正是因为工艺对材料的改造和诗性化体现，装饰形式中才产生了肌质语言之美。如果将民居建筑作人格化比拟，建筑的结构实体犹如人类承载重量的躯体，装饰的空间犹如可以呼吸的胸膛，而由诗性化工艺形成的装饰纹理就构成了建筑的皮肤肌质。缺少了这一工艺诗学的环节，装饰艺术现有的成熟风格也就无从谈起。

二、形式风格的差异性比较

康巴文化历经漫长发展，内涵日益丰富。尽管宗教文化的理性规范与造像要求对藏族艺术特征产生了强烈的传承性和稳定性影响，但时代变迁和地域文化的特殊性对装饰风格的影响也显而易见。藏传佛教绘画艺术“画派、画风的发展成熟过程，就是遵循‘图式→修正’的模式，不断丰富、完善自身特色使其最终成

---

① 大卫·布莱特. 装饰新思维：视觉艺术中的愉悦和意识形态. 张惠，田丽娟，王春辰，译. 南京：江苏美术出版社，2006：275.

② 弗朗兹·博厄斯. 原始艺术. 金辉，译. 贵阳：贵州人民出版社，2004：2.

为定式的过程"[①]。其中，"图式"指的是从历史传统中汲取的固有技术和知识，"修正"则是指针对特定时代背景或环境所产生的变化和改造，而"定式"则表现为修正后一种相对成熟且恒定的共性风格模式。可见，差异性与共性特征在发展过程中总是同时存在。由于地形地貌、气候环境、生产方式、宗教信仰、亚文化圈、交通条件等因素的影响，整个横断山区的民居风格差异颇为复杂，难作一一比较。在本节对风格差异性的分析中，将甘孜州各县近郊的民居风格作为考察对象。一般而言，这些县及主干道沿线的乡镇作为城乡接合部，家庭经济条件较为优越，注重装饰且审美观念受传统和现代双重影响，其民居装饰风格在当地具有代表性，并对周边乡村民居风格产生了或多或少的影响。

在甘孜州 18 个市县中，除石渠、色达和理塘处于草原牧区，其余都是以农区为主的农牧结合区。康巴人根据地形地貌与交通情况，习惯于将康巴地区划分为康北、康南和康东三个区域。德格、甘孜（县）、白玉、炉霍、新龙为甘孜州北部农区，其民居基本能代表康北风格；巴塘、稻城、乡城、得荣皆为甘孜州南部农区，其民居基本反映康南风格；雅江、康定、泸定、道孚、丹巴、九龙为甘孜州东部农区，基本代表康东风格。除泸定、九龙和康定以东地区因多民族杂居导致民居风格多样外，其余地区均为藏式民居，且各具鲜明的地域特色。甘孜藏式民居装饰艺术风格在室内的差异主要体现在总体色调、装饰制作技法及表现题材上，在室外的差别则主要体现在建筑形制、色彩搭配、装饰侧重部位等要素上。

（一）康北风格

德格是康巴文化的中心，又是噶玛噶孜画派的发源地和盛行地，整个甘孜州北部区域的民居装饰风格都受其影响。德格、白玉和甘孜县的民居普遍采用土筑墙体，区别在于：金沙江峡谷区域的德格和白玉民居依山傍水，多向纵深空间发展，以三层或四层楼居多，体量高大气派；位于甘孜平原阔谷地带的甘孜县民居则更注重横向占地，造型相对低平，喜好在黄土墙上粉刷白色宽条纹，且通常配

① 于小冬. 藏传佛教绘画史. 南京：江苏美术出版社，2006：11. "图示→修正"理论是英国著名图像学家贡布里希提出的关于绘画风格史发展的规律过程。

有夯土围护墙体的院落（图 5-3）。这三地民居的内部装饰图纹风格，都更多地保留了噶玛噶孜画风中汉式青绿山水的韵味，色调略偏冷灰含蓄，细腻的晕染是其普遍风格，图纹多绘有暗八仙、四季花、老寿星、富贵平安等汉地常见的民俗题材。白玉民居的造型与德格相似，但其装饰同时受昌都门萨画派风格的影响，彩绘技法丰富而细腻，色彩趋于艳丽，且冷暖对比较为强烈，摩羯屋檐和冠式窗楣是其显著特色（图 5-4）。鲜水河畔，炉霍民居因当地丰富的森林资源而采用了典型的木柱承重崩空式建筑，木质墙体为室内室外的装饰提供了足够的空间，绛红色为其主要色调。受当地朗卡杰画派风格的影响，炉霍民居特别喜欢使用橘红色和蓝色作点缀搭配，呈现出别具一格的浓艳装饰意味（图 5-5）。新龙民居偏隅于雅砻江峡谷深处，其民居造型往纵深高碉发展，体量厚重高大，屋檐较宽，窗位较高，墙体四角喜好绘制白色的吉祥符号，反映了横断山深谷地带的典型特征（图 5-6）。

图 5-3　甘孜县民居及其室内壁柜装饰

图 5-4　白玉民居及其经堂门楣装饰

图 5-5　炉霍民居及其室内墙体装饰

图 5-6　新龙民居及其窗户装饰

（二）康南风格

巴塘和稻城位于金沙江及其支流的阔谷地带，其民居造型注重横向扩展。尤其稻城民居极具地域特色，占地面积大，且保持石木材质本色，显得较为厚重平实。稻城民居最为朴拙，室外喜好以黑色涂刷门窗，民间称其为“黑藏房”（图 5-7），其独特之处在于墙体四周、窗檐、屋檐等部位设有等距分布、嵌入墙体的黑色短椽木，上部覆以黑色木板，其上再铺以小石板，形成点与线结合的黑色平直装饰带。民居外部的木制部分，包括大门，均涂以黑色颜料，反衬其内部装饰的艳丽和丰富。部分民居的室内装饰外延于门窗，可见其彩色纹饰。

相邻的乡城和得荣，其民居分布于金沙江支流的深谷地带，风格较为相似，皆属于土木建筑。区别在于，乡城民居造型简朴敦实，屋顶向上延伸有半人高的女儿墙；得荣民居则普遍增加了平顶屋檐和连珠纹装饰。“乡城”的藏语含义为“散落的佛珠”，其藏式民居外墙纯白，少有符号或色彩作饰，所以被称作“白藏房”（图 5-8）。每年传召节，每家每户用白色阿嘎土和水稀释后，为住宅外墙行灌礼。座座白藏房点缀于硕曲河畔，俯瞰犹如散落的珍珠或连片的祥云，十分应景。乡城民居装饰的重点在于门和窗的精雕细绘，不仅与简洁朴拙的土墙形成鲜明对比，而且真实地反映出其室内装饰的考究程度。门窗外沿统一绘制了黑色梯形牛角框套，既与藏房的形制相呼应，又与白色外墙形成了鲜明的对比。受当地最负盛名的寺庙——桑披岭寺的影响，乡城民居的室内装饰普遍偏爱橙黄色调，辅以精巧的泥塑、雕刻、彩绘等工艺，呈现出多样化的综合表现技法。

图 5-7 稻城民居及其经堂装饰

图 5-8 乡城民居及其碗柜装饰

（三）康东风格

道孚民居为典型的平顶藏房，木质崩空墙体以绛红色为基调，外墙通体粉饰乳黄色，以白色装饰平顶和椽檐，为典型的“白顶珠檐黄藏房”。与鲜水河上游的炉霍民居相比，道孚民居显得更加亮丽清新（图 5-9）。康定自古便是茶马古道的贸易集散地，也是汉藏文化交流的要道。康定民居在建筑形制和装饰风格上趋于简洁和城市化。康定的新都桥民居与雅江民居风格接近，主要特色在于开窗较密，且喜好在窗户外沿绘制或白色或红色的窗套，尖角造型修饰，在厚重的石砌墙体映衬下分外醒目，整体给人一种井然有序的感觉（图 5-10）。外墙体转角也是装饰的重点之一，常常绘制一些吉祥的角隅纹样，其平顶屋檐下层层叠叠的短椽和梁木上都喜好绘满花纹。丹巴位于大渡河流域峡谷深处，历史上多教派和女性文化的遗风使得其民居装饰风格极为丰富多样。丹巴民居将碉与房有机结合，整个外观包括墙体、屋顶、檐廊、门窗等都作装饰，各部位装饰随着建筑错落有致的退台造型而互不遮挡。其屋顶四角垒砌有向上凸起的山形“拉吾则”，檐下外墙普遍以黑、红、黄、白四色横条作带状装饰，并在外墙绘制白色的日月、吉祥八宝、万字等纹样，是墙体装饰最多的藏式民居之一，堪称“花色翘角碉房”（图 5-11）。墨尔多神山下的丹巴城郊，甲居藏寨的民居特色尤为突出，层层叠叠坐落于半山腰，整体景观颇为壮观，曾在 2005 年《中国国家地理》杂志组织的选美中国活动中被评为“中国最美的六大乡村古镇”之首。

图 5-9　道孚民居及其经堂装饰

图 5-10 新都桥民居（左）、雅江民居（右）

图 5-11 丹巴民居及其院内装饰

在甘孜州的广阔区域内，虽然藏式民居的形制趋于一致，但因房屋高度、窗户大小、退台层次、屋顶形制等因素的差异，使得建筑在局部造型上仍存在差别，故其外观装饰风格迥异。

窗户犹如心灵和光明之眼，在藏式民居建筑中尤为重要。各地民居之窗，有重窗檐装饰的，有重窗套装饰的，也有重窗扇装饰的。窗作为室内装饰的空间外延部位，往往是建筑外观的点睛之处。至于屋檐，则是藏式民居建筑最有别于其他地区建筑的特别之处。由于藏式民居的平顶屋檐和椽木构件不同，有的为单层椽檐，有的为多重椽檐，大多为承重式白珠檐，也有是嵌入式黑珠檐。远远望去，藏式民居屋檐下浮动着点点连珠，厚重的建筑顿时有了节奏律动感。

色彩的差异性是藏式民居的另一大显著特点。外墙有通体刷成白色、乳黄、橙黄或绛红色的，也有保留原土色和青灰片石本色的。由于搭配色彩的面积比例不同，以及同一种色彩用在不同的装饰部位，形成了不同的色彩基调与细节特色。

对于每一座藏式民居建筑而言，正是局部造型的差异与色彩的灵活运用，赋予了这些朴拙坚固的实体以音乐般的灵性。难怪哲学家们常将建筑比喻为“凝固的音乐”，这充分说明了装饰艺术与建筑形制之间的相得益彰，它们在区域风格的视觉感知和审美判断上充分发挥了能动作用。这些藏式民居建筑或聚或散，或点缀于崇山峻岭之间，或铺陈于平坝原野之上，以奔腾的河流和雄浑的山脉为背景，如美妙的音符般不断奏响一曲曲时而欢乐时而静谧的田园交响乐章。

第二节　风格现象的主要成因

甘孜藏式民居通过装饰艺术所呈现的同中求异、异中求同、各美其美的风格特点，在康巴地区展现得淋漓尽致，形成了一种显著的风格现象。从共性和差异性的视角对装饰风格进行比较分析，可以看出其反映的仍然是一种形式意义的审美认知，充分体现了装饰作为视觉艺术的本质特征。然而，即使当表现的方式得到了充分的发展，风格的含义还是多样性的，“世界的内容并不会为了观者而具体化为一种不变的形式，而是一种充满生气的理解力”[①]。因此，任何风格的形成都不是独立发展的结果，而是由诸多因素共同作用而成的。观者将其汇成一种审美的理解力，才能最终决定对甘孜藏式民居装饰艺术风格的全面认知。

一、决定共性风格存在的主要因素

前面所阐述的形式、内容、技艺、文化意义、审美感知等，实际都是对藏式民居装饰艺术共性特征的分类描述，其中也涉及对背后成因的探析。本小节进一步从综合视角糅合这些因素，大致可以看出历史统一、文化模式、社会习俗、艺术传承方式等是决定其装饰艺术共性风格存在的主要因素。

---

① 沃尔夫林. 艺术风格学：美术史的基本概念. 潘耀昌，译. 沈阳：辽宁人民出版社，1987：251.

（一）历史政治统一与文化基本模式起决定作用

7 世纪，吐蕃王朝对藏边之地的扩张、占领与统治，促成了康巴地区藏族文化的大统一。到了 13 世纪中叶，元朝统一西藏，甘孜地区后来长期成为川西北的管辖地区。新中国成立后，我国实行了民族区域自治政策，这一政策在尊重各民族群众信仰的基础上，有效地保护和传承了当地的民族历史文化。因此，藏族群众长期信仰藏传佛教的历史背景，成为该区域能够保存藏族传统文化基本模式的关键因素。这种传统文化的保存，在艺术形式上则鲜明地体现为显性、共性的风格特征。可见，历史政治统一和文化基本模式两方面因素，共同构建了康巴群众对自身中华民族大家庭中藏民族身份认同的基本条件。“民族作为一个特定的稳定的人们（类）共同体，其成员长期受民族文化的熏陶，对民族群体的文化产生强烈的认同感。”[①]康巴人文化认同的视野广阔、内涵深厚，不仅彰显了中华文化视域下藏族文化的显著特色，还因康巴地域的特殊性而凸显出鲜明的族群特征。例如，他们将自己看作康巴英雄格萨尔的后代，以勇猛、团结和彪悍的品质而闻名。这种族群地域观和群体认同感一旦形成，就会对外产生一种自发的文化显示度，对内则自觉形成族群文化凝聚力，这一特性对保存区域民族文化传统起着决定性作用。此外，多山的地理条件也成为天然的屏障，有效抵御了外界文化的干扰，为区域民族文化特色的培育和文化生态的保护提供了有利的条件。

（二）对装饰习俗和社会价值的共同追求

尽管装饰艺术有着十分丰富的文化内涵和形式感，但当一切审美感受都成为自然常态之后，很少人再去关注它的真正意义，因为观看成为一种习惯，而不是一种分析。因此，对内容的选择和观念形态的诸多要素，最终都融合为一种装饰习俗的需要。

如前文所述，装饰既是美化住宅的生活习俗，也是财富彰显、道德教化和信仰实践的社会习俗。农区藏房是每个家庭物化的不可移动资产，也是储存、积累、彰显、保护可移动家庭财产的重

① 刘俊哲. 四川藏族价值观研究. 北京：民族出版社，2005：217.

要载体，因而藏族群众对居住空间的重视程度远胜对其他物质形式的关注。特别是按当代民族学教授李星星的分析，康巴文化圈还保留有母系文化的遗存。除了著名的东女国后裔嘉绒藏族之外，在道孚的扎坝乡、白玉的河坡镇等地还有许多不同婚姻习俗的族群。这些习俗的主要目的之一就是保持家庭成员不分家，以便维持财产的世代积累。在这些族群中，女性的地位相对较高，居住的建筑空间一般都较为宽大，装饰也格外讲究，尤其符合女性的审美需求。同时，装饰豪华的民居无疑是一家人勤劳和智慧的象征。这些要素最终都融合在了一起，共同体现了一种社会价值的需求。

（三）装饰文化传承的稳定基因与习惯势力

在数百年的土司管辖年代，产生了许多注重装饰的藏式官寨，且其木雕、绘画的题材等都有对汉式风格的吸纳，也影响了当时当地的民居装饰风格，但总体上当时的藏房与当地寺庙的装饰风格一脉相承。装饰文化经验积淀千年，其技艺和图式早已内化为稳定的传承基因，对民居装饰艺术的风格起着决定性作用。只是在民间普及的过程中，装饰色彩更加追求温馨艳丽的效果，内容符号的选用更趋于生活化和寓意吉祥的题材，从而使得装饰成为一种人们普遍追求的吉祥美好文化。

从艺术心理学的角度来看，对质朴现实的“美好”包裹是装饰的本源初心，“技艺”和“图式”是承袭传统而来的固有因素，三者都源于传统文化的习惯势力。习惯势力产生于秩序感，它是我们反对变化，寻求延续性的产物，并在整个艺术史上对装饰都起着支配的作用。[①]正是藏式民居装饰文化中的稳定基因，使得康巴人习惯于在自己构建的生活空间中安守秩序、遵从传统。也正因为这一习惯势力在受众中普遍存在，装饰艺术的风格特征才得以持续传承。

二、决定差异性风格存在的主要因素

共性风格主要通过文化属性起着主导作用，是历时性、统一

① 贡布里希. 秩序感：装饰艺术的心理学研究. 杨思梁，徐一维，范景中，译. 长沙：湖南科学技术出版社，2000：191.

性的决定因素。而与之交织的差异性风格，则呈现出共时性、多样性的特点，这主要由地理和气候环境的复杂性、多民族文化交流交融、内部族群与教派细分等关键要素所决定。

（一）地理环境的特殊性与复杂性

甘孜州所在的横断山区，是中国乃至世界上地形地貌最为复杂的区域之一。浩荡奔腾的河流穿行在雄浑磅礴、巍峨耸立的雪山峡谷之间，大有“以天下之至柔，驰骋于天下之至坚”（《道德经》）的恢宏气势，形成诸多世界奇观。雪峰、峡谷、草原、湖泊、阔谷、段丘、林地等自然景观并立，河流冲击而成的阔谷河坝、峡谷坡地、腹原台地等，正是康巴人生产劳作、繁衍生息所依赖的生存空间。这些地形地貌广泛分布于康巴南北，横跨了高原寒带、温带、亚热带、热带等多个气温水平带。纵贯的河流与横亘的山脉交织，形成上下分布的自然带，与气温水平带垂直交叉，造就了横断山区气候的多样性。因此，康巴地区同一地形在不同地段形成的气候类型多样。例如，一条河流的不同地段，河谷地形可能会呈现出干热、温湿、凉爽等多种气候。“如果我们认为河流是一条文化传播带的话，若河流与气温带平行流淌，则容易形成统一的文化。如果一条河流的方向与气温带垂直或相交，则分化易而同化难。”[①]前者的状况如黄河、长江与中原文化之关系，康巴地区南北贯通的六大河流恰属于后者的立体相交分布类型。生活在这些错综复杂、各不相同的自然区域单元里，人们必然要形成与之相适应的生产和生活方式，因此也创造了不尽相同的文化形式，民居风格也相应地呈现出复杂多样的特点。

（二）多民族文化的交流融合发展

自古以来，甘孜州的河道峡谷便成为与外界联系的交通要道，多民族在此交往交流，形成了著名的茶马古道和民族文化走廊。这一区域不仅深受汉藏文化的影响，同时留有其他民族文化及古老苯教文化的痕迹，以藏族文化为主体的多元文化交融在这里体现得十分充分。在唐宋之前，横断山区一直处于民族走廊迁徙活

① 单之蔷. 山河不是流水线. 中国国家地理，2004（7）：78-93.

动的频繁期。据《后汉书·西羌传》记载，战国时期，湟河一带西羌人迁徙此地，与土著民融合，至隋朝已经形成数十个大族群。吐蕃时期，“诸羌”虽统一为藏族，但仍保留大量原族群文化习俗。元世祖征服大理国时，不仅途经康巴地区，还在此设立管辖机构，使康巴地区成为茶马互市及藏族民众朝圣、土司朝贡的通道。汉族、蒙古族、回族、羌族、彝族等20余个民族移居甘孜州，与藏族长期和睦共处，在民族交流、交往、交融的互动过程中大大丰富了藏族文化的多样性内涵。多民族异质文化在此碰撞融合，形成了多姿多彩的康巴文化，其中民居风格多样化尤为显著。

（三）族群不同和宗教派别差异的影响

甘孜州的藏民族在历史上经历多次融合之后，内部依据语言、服饰、民居、信仰等方面的差别又形成细分的族群，但其划分依据和结果并不完全统一。这些族群，从语言的角度来看，除了以德格话为代表的康方言外，还有不少“地角话”，如嘉绒语、木雅语、尔苏语、扎坝语、贵琼语、尔龚语、曲域语等。任乃强先生按照当时康巴人的自分，罗列有卡拉米、木雅娃、霍尔巴、俄洛娃、理塘娃、乡城娃、巴巴、三岩娃等20余类。[①]历史上按照族群结合地理单元划分，这一区域部落曾有“康巴五部”和“霍尔七部”之分，即昌都芒康部、康北德格部、康南定乡稻城部、康东卡拉部及康北道孚一带。如果按照清代土司管辖区域划分，势力较大的有德格土司、林葱土司、明正土司、鱼通土司等。无论何种划分，每一族群都或多或少延续了自身历史文化和地域环境的因素，形成与其他族群的差异性。

康巴地区藏传佛教内部派别繁多，包括格鲁、宁玛、萨迦等，还有藏族最古老的苯教，多民族原始巫术信仰也同时存在。此外，随着各民族在此流动迁徙，中原道教、汉传佛教、基督教、伊斯兰教、天主教等也在此共存。各种宗教派别都有自身教义及符号化表征体系，对当地民间文化包括民居装饰产生了或多或少的影响。

① 转引自：朱映占. 民国时期西南民族的识别与分类. 思想战线，2010（2）：105-109.

第三节 装饰风格与族群特性

从宏观视角来看，无论是形式还是内涵，甘孜藏式民居装饰艺术在风格上几乎可以忽略艺人们的“个人气质”和“时代精神”，因为其程式化传承的特性覆盖了艺术制作者个人的创造痕迹和时代烙印，保留下来的更多的是群体情感与表现意志，以及经历史文化积淀而来的精神气质。多样统一的藏式民居装饰艺术，充分体现了康巴人与康巴文化风格的内在独特性，成为其“族群特性”——它与康巴人的共同历史文化和集体心理特点紧密相连，与艺术创作者的个人气质和时代精神相比，具有稳定、持续和群体个性化的特征。在长期的历史发展过程中，康巴由地域的概念逐渐发展为族群概念，在灿烂的中华民族文化中呈现出显著的区域特色，在推动装饰艺术发展的绘画史和手工艺史中同样有相应的体现。

一、康巴画派及其风格影响

藏传佛教绘画在1300多年的发展过程中，深度汲取了印度佛教文化与中华传统文化的精髓，对古希腊、波斯、尼泊尔、克什米尔等多种文化元素也兼容并收。在前期（7—15世纪），它表现为多元文化的交融与碰撞，绘画风格呈现出克什米尔式样、波罗艺术式样、尼泊尔式样、古格式样、江孜式样等多种风貌。进入后期（15—20世纪），藏传佛教绘画逐渐中国化，并衍生出多个派别，如青孜派、勉唐派、噶孜派、新勉唐派等。这些派别的形成与当地所依托的藏传佛教派别紧密相关，例如，萨迦派的影响促成了青孜派，而格鲁派的影响则催生了勉唐派。至17世纪中叶，新勉唐派受到格鲁派的特别推崇，以《造像量度如意宝》作为制作壁画、唐卡的严格标准。在此基础上，该画派充分吸收明、清两代的汉式绘画风格，最终形成了近现代藏传佛教绘画的“标准式样”。这一范式持续影响着整个涉藏地区，至今仍在画坛占据主导地位，并通过程式化传承逐渐渗透到民间。17世纪以后，藏传佛教画坛主要并存着两大画派，即主流的新勉唐派和康巴地区的噶孜派。

藏传佛教绘画史上著名的噶孜派（全称为“噶玛噶孜画派”）

起源于甘孜州德格县一带，为康巴地区的彩绘装饰艺术奠定了风格基石。在诸多画派中，噶孜派受汉式绘画艺术风格影响最为深远。该画派于 16 世纪在康巴地区兴起，由八世噶玛巴活佛转世的南喀扎西所创立。十世噶玛巴曲英多杰和五世司徒班钦·曲吉迥乃对噶孜派的传播和发展起到了重要的推动作用，噶孜派被赋予了“王者风范”，成为噶玛噶孜教派推崇的主导风格，并在 16 世纪将藏传佛教绘画推向了鼎盛时代。噶孜派兴盛并弘扬于康巴地区，因而也被称作“藏东风格”“康区风格”，对康巴地区的绘画风格有直接而广泛的影响，其画派也被称为“康巴画派”。德格县八帮寺成为噶孜派培养绘画人才的主要基地，其绘画技艺与理论造诣均达到了前所未有的高度，《嘎鲁艺术人体原理》《线准太阳明镜》等都是很有影响力的美术著作。噶孜派偏安康巴地区，又不断从汉式绘画中吸取营养，使得它在主流画派之外既保持了独特的个性，又具备了兼容并蓄的优势，逐步实现了本土化。八帮寺对绘画艺术的弘扬，也使德格成为涉藏地区东部文化、康巴文化的中心，推动德格印经院的雕版印刷技艺发展到了其他地区难以企及的精湛程度，大量的经书图纹成为整个雪域高原线描和刻印的杰出典范。

噶孜派风格的基本特点是：充分融合了汉式宫廷绘画青绿山水和工笔重彩的技法与风格，一改红色为佛画基调的传统，以大面积的绿色入画，风景部分相对写实，而装饰图纹又特别突出线描的功力和色彩的渲染技巧。在构图上，背景空间面积较大，人物造像相对较小，尊者有汉式儒雅哲思的风范，山石花草、园林假山、鸟兽虫鱼等都为汉式工笔或写意花鸟的式样。总之，噶孜派崇尚简洁、清丽、淡雅的风格，对人物的内在之美和画面深沉而空灵的意境都有一定的追求。

至今，噶孜派的遗风仍以八帮寺为中心，其影响力辐射至整个康巴地区。其绘画风格在康巴地区民居装饰图纹中同样有所体现。越靠近康巴地区文化中心的德格，这种风格就越显著，色彩含蓄、晕染细腻、冷调偏多、线条精细等特点普遍存在（图 5-12）。朗卡杰是 17 世纪炉霍的著名画家，他创新了噶孜派画风，在宗教题材中融入了藏族世俗生活的场景，在技法上借鉴了汉式的工笔重彩和西方的远近透视，画面繁密精细、色彩较为艳丽。至今寿灵寺还有他300多年前的遗作，炉霍民居的装饰绘画仍有其遗风，大量运用明艳的橘黄色就是其典型特征。

此外，康巴地区还存在其他画派的交融，如门萨派。其画风倾向人物造型夸张，带有写意的味道，构图讲究疏密关系，线条豪放有力，色彩对比强烈，只在云彩、花卉等局部装饰图案上略加明暗渲染，构成鲜明生动的艺术风格，如今白玉一带的民居装饰绘画中仍有门萨画派的影响（图5-13）。

图5-12 德格噶孜派唐卡画风

图5-13 白玉门萨派唐卡画风

二、传统手工艺促进装饰繁荣

据考古发掘资料和汉藏古文献记载，自古以来，涉藏地区就有着较为发达的传统手工艺。从制穴为屋到织绳为帐，从选石为器到磨石为具，藏族的建筑史和手工艺史就已见发端。“藏族的历史有多长，藏族手工艺的发展史就有多长。因为一切工艺智慧和技术形式，均来自藏族人民真实地所拥有的时代久远的生活史。”[①]特别是吐蕃王朝的建立、佛教的传入及与内地文化的频繁交流，大大促进了藏族手工艺的发展，在各个工艺领域都催生了世代承袭绝活的手工艺人。自唐朝文成公主与松赞干布联姻起始，见诸文字记载的手工艺交流就有1300多年了。在我国的唐朝文献记载中也可以找到很多关于吐蕃金银贡品的记载。例如，唐开元二十四年（736 年），吐蕃曾把数百件金银珠宝制作的手工艺品进贡长安，群臣众赞其器物“皆形制奇异”“制治诡特”（《旧唐书·吐蕃传》）。南宋绍兴三十二年（1162 年），康巴地区的第一座宁玛派寺庙“噶陀寺”创建，产生了大量佛教用具需求，为在教派的激烈斗争中求得生存和发展，蔡巴·噶德公布活佛七次赴内地聘回了一批又一批汉区名匠，兴佛堂、塑神像、刻经版、制佛具等，不但为康巴地区民族工艺注入了新内容，也拓宽了原材料门路。[②]《汉藏史集》《册府元龟》等文献相关记载充分说明汉藏文化交流源远流长，特别是自元代中央王朝将西藏纳入中国版图之后，汉藏之间的文化交融更为频繁。这些历史进程推动了藏文化的发展演进，藏文化于14世纪形成了完整的大、小五明学科体系。其中，“工巧明”包含了上工和下工。上工主要指服务于宗教生活的绘画和雕塑两大类，下工包括石工、瓦工、缝纫工、木工、铁匠、砌工、磨工、漆工等所有服务于社会生产生活的工艺行业。我国勤劳智慧的藏族人民，在与艰苦恶劣的自然环境顽强抗争中，在不断改进生产生活方式的漫长历史进程中，缔造并积淀了自身独特的文化艺术，众多的传统手工技艺至今仍是

---

① 张世文，楞本才让·二毛，夏吉·扎曲. 藏族传统手工宝典. 拉萨：西藏人民出版社，2011：2.

② 精巧的河坡民族手工艺. 2015-08-06. http://www.baiyu.gov.cn/byxrmzf/c102271/201508/ba888bcb958a4e4ea8f12f35b8038b6e.shtml.

璀璨夺目的瑰宝。

甘孜州延绵的雪山、密布的森林、奔腾的河流、广袤的草原，铸就了康巴人豪迈、粗犷、剽悍的性格。然而，在他们的审美理想和日常生活中，却并行不悖地追求着一种异常细腻而精致的美。这与康巴地区自古以来就是汉藏交往交流交融的枢纽地带有关，使得该区域的工艺美术既保留了藏传佛教艺术的主体内容，又兼收并蓄了汉地手工艺的优势特点。加之稳定的农居生活，促进了传统手工艺的长期繁荣发展。在藏式民居装饰技法中，除了绘画和木雕，还有金工、泥塑、石刻、制陶、编织等多种手工艺被综合运用。各类工艺不仅在甘孜州各地普遍存在，而且在许多区域逐渐发展出颇具特色的手工类别，在当地催生了大批技艺精湛的手工艺人。农闲时节，有名的手艺人常常被邀请到新建民居家进行雕刻和彩绘装饰。从事手工艺的家庭也会自制或到场镇购买原料，以完成承接的手工艺定制任务。但凡手工艺人之家，通常会在阳光充足的藏房内或附属建筑区专门设置手工艺作坊，许多家庭成员集体参与手艺制作，以此维系家庭经济收入。蹚过历史的长河，藏族传统手工艺人依靠“师传徒”“父传子”的传承方式延续着群体的生存和发展，使手工艺人的师徒制和家族制特征非常明显，因而在一些地方至今仍然保持相对完好的传统手工业态。

近年来，随着国家对非物质文化遗产（简称“非遗”）的重视与保护，民间传统工艺逐渐以产业化形态呈现新的繁荣趋势。目前，甘孜州的各级藏族传统手工艺类非遗项目及传承人的数量在我国涉藏地区属前列，如金工制作（图 5-14）、泥塑制作（图 5-15）、黑陶烧制（图 5-16）、雕版印刷（图 5-17）、木具车模（图 5-18）、牛羊毛编织（图 5-19）、藏纸制造、彩绘石刻等技艺，都是经久不衰的民间手工艺。其中甘孜州藏族唐卡绘制技艺（噶玛噶孜画派）、丹巴县藏族碉楼营造技艺、白玉县藏族锻铜技艺和稻城县藏族黑陶烧制技艺等被列入国家级传统工艺振兴目录。藏族唐卡绘制技艺（郎卡杰画派）、藏族格萨尔彩绘石刻、德格印经院藏族雕刻印刷技艺、藏族民间车模技艺等被列入四川省传统工艺振兴目录。康定县炉城镇、白玉县河坡乡、得荣县、炉霍县等多地聚集了各种传统手工艺生产业态，被命名为“中国

图 5-14　金工制作技艺

图 5-15　泥塑制作技艺

图 5-16　黑陶烧制技艺

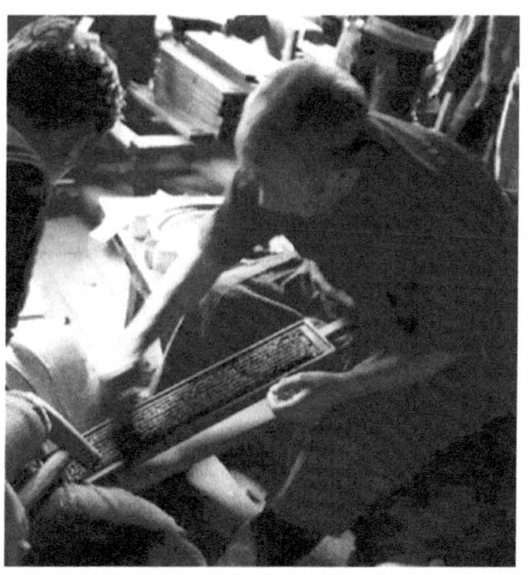
图 5-17　雕版印刷技艺

图 5-18　木具车模技艺

图 5-19　牛羊毛编织技艺

民族民间文化艺术之乡”。纵观康巴地区文化艺术发展史，千百年来甘孜州广大劳动人民始终是创造自身生存智慧历史的主体，其传统手工艺紧紧伴随康巴人民追求幸福生活的历史而不断发展，因而在演进中从未丧失人民性和生活性，始终是对美好生活向往的最直接体现。

三、康巴人的精神气质

“族群特性”指的是一个族群表现于共同文化特点上的共同心理素质或性格特点，也可称为共同的“精神气质”。奥地利艺术史家阿洛瓦·里格尔认为主宰风格样式的是“艺术意志”，即“一种推动和形成某个时期或民族艺术的、无处不在的精神或冲力”[①]。沃林格也指出：“装饰艺术的本质特征在于：一个民族的艺术意志在装饰艺术中得到了最纯真的表现。”[②]笔者认为，两者提到的“艺术意志”，即指支配一个民族或族群形成其独特性的精神气质。如前所述，康巴画派的独特风格已然形成，且传统手工艺在民间历经了蓬勃的发展，那么我们不妨从文化传承与创造的群体视角出发，从理想人格的塑造和族群共同性格特征这两个方面，来深入分析对风格起支配作用的精神气质。

（一）格萨尔的英雄气概

《格萨尔传》是康巴人集体创作的一部伟大英雄史诗。故事传颂了当地白岭部落首领格萨尔英勇智慧的一生。他不畏强暴、不怕艰难险阻，以惊人的毅力和神奇的力量征战四方、降伏妖魔鬼怪、镇压强横，并最终统一白岭国，使人民过上幸福安康的生活，成为人们爱戴的英雄。格萨尔时代的白岭国，大致就是现今以德格为中心的康北区域。格萨尔的故事为康巴人树立了一个理想人格和理想王国的典型，反映了康巴群众对真善美的追求。“格萨尔”在藏语中意思是“无敌”。在成长过程中，每次与邪恶的战斗，都使格萨尔变得越来越坚强。这一人格塑造，也反映了康巴

① 阿洛瓦·里格尔. 风格问题：装饰艺术史的基础. 刘景联，李薇蔓，译. 长沙：湖南科学技术出版社，1999：7.

② W. 沃林格. 抽象与移情：对艺术风格的心理学研究. 王才勇，译. 沈阳：辽宁人民出版社，1987：51.

人在生存和发展过程中克服困难和障碍所具有的超常毅力。

“当海浪拍岸时，岩石不会有什么伤害，却被雕塑成美丽的形状”，“通过各种改变的考验，我们可以学习发展出温和而不可动摇的沉着”，“生命中的逆境，都是在教我们无常的道理，让我们更接近真理”。[①]无畏的精神教导人们如何把负面的因素变成力量的源泉，如何在改变中获得心灵的自在。格萨尔的人格形象成为康巴人一生追求的目标和审美理想，进一步升华为族群文化传承基因。“康巴汉子”英勇无畏的个性特征写在每个康巴男人的脸上，同样作为文化符号向世人展示该族群的独特气质。

在甘孜州各地民间，至今以说唱、藏戏、木刻、石刻、绘画等形式流传着内容丰富多彩、老少有口皆碑的格萨尔王传奇故事，形成“格萨尔文化”现象。在说唱故事时，民间艺人常常将格萨尔的画像和故事内容悬挂起来，指画说唱，使听众感到故事更生动易懂，因此在民间有专以绘制格萨尔故事谋生的画师和说唱艺人。在康巴地区的许多宁玛派寺庙中，格萨尔还被视为护法神，寺庙里供奉着格萨尔的塑像、壁画和卷轴画。在过去，“一些贵族农奴主和上层喇嘛，在自己家的壁画中，也画上格萨尔和格萨尔故事，为丰富多彩的藏族壁画艺术，增添了新的内容”[②]。如今，在甘孜州大多数民居家庭的经堂中，仍供奉着格萨尔的金属雕像或唐卡画像，人们认为这能够降妖避邪，保佑家人平安。此外，甘孜州很多县的文化中心广场都安放有格萨尔的大型塑像（图 5-20），向外界展示格萨尔作为康巴人精神的象征。

显然，格萨尔的人格魅力已经在康巴民间深入人心，他们的社会生活环境处处留有英雄格萨尔的烙印。宗教中超凡脱俗的众佛诸神都具有不可企及的人格理想，唯有格萨尔的英雄气概、顽强的抗争意识、尚武精神及安良除暴的品格来自现实生活中的传奇人物，这也反映出康巴人比其他涉藏地区的群众更注重现实性。对民居建筑及其装饰的普遍重视，则成为他们的一种现世表达。特别是在甘孜州各地的藏式民居中，越是交通不便的一些山

---

① 索甲仁波切. 西藏生死之书. 郑振煌，译. 北京：中国社会科学出版社，1999：47-48.

② 马学良，恰白・次旦平措，佟锦华. 藏族文学史. 成都：四川民族出版社，1994：227.

图 5-20　格萨尔铜像

脉峡谷地带，其民居建筑及其居住者本身越是体现出一种高大、雄浑、坚强、尊贵、无畏的气度与风范。只要是经济条件相对富裕的家庭，其居所的装饰风格都趋于精美与奢华。

（二）勤劳精明的个性特征

自古以来，勤劳是康巴人尊崇的美德。正如康巴民间谚语所言，“早上比雄鸡起得早，晚上比老狗睡得晚”，“忙忙碌碌是幸福，无聊闲坐是痛苦”，“不翻越险峻高山，怎能见到广阔平原”。[①]康巴人民世世代代在严酷恶劣的自然环境和流血冲突的历史创伤中挣扎求生，这使得他们比一般人更懂得刻苦刚强、知难而进、勤奋创业的重要性，也更加具有挑战现实的生存意志。国学大师钱穆先生说过：“各地文化精神之不同，究其根源，最先还是由于自然环境有分别，而影响其生活方式。再由生活方式影响到文化精神。”[②]勤劳是康巴人在与自然抗争和艰辛生活中磨砺出的顽强意志，它使得康巴人即便在静默从容的行动中，也透露出自强不息的生存毅力。对康巴人而言，能修建宽敞的住宅

① 甘孜州志编纂委员会. 甘孜州志. 成都：四川人民出版社，1997：1983-1895.
② 钱穆. 中国文化史导论. 北京：商务印书馆，2002：2.

是勤劳品格的标志和成果。在康巴民居中，到处可见主人勤劳的本色：宽敞的室内空间被打扫得干干净净，水柜里大大小小的铜瓢被擦得铿亮，喝酥油茶的白瓷碗被叠放得整整齐齐。经堂里，对诸佛的供奉从来都是身体力行、毫无怠慢，点灯、供水、献茶、敬香、朝拜、念诵经文祈愿众生平安、吉祥如意等仪式过程，已成为很多藏族人的每日功课。以手工艺为生计的家庭成员，要么常年被邀请外出做手艺活，要么在自己的家庭作坊里协作完成定制物件，从日出到日落，在长年累月的工艺实践中练就了精湛的技艺，身心合一的专注力、定力，追求极致的工匠精神。

康巴人的精明能干也是闻名的，这与康巴地区所处的地理位置直接相关。钱穆先生曾将世界的文化类型分为游牧文化、农耕文化和商业文化三类，并分析其特性："游牧、商业起于内不足，内不足则需向外寻求，因此为流动的、进取的。农耕可以自给，无事外求，并必继续一地，反复不舍，因而为静定的，保守的。"[①]康巴文化恰好属于这三种文化类型的共存与融合。在历史早期，先民们从北方游牧部落迁徙到这一区域之后，康巴人保存了游牧部族好征服、尚自由的性格基因，且不拘泥于资源匮乏的自然条件，勇于向外求索，形成了追随茶马古道、崇尚贸易文化的族群心理共识。在经商的过程中，他们懂得了利益交换规则，了解了不同民族的文化智慧，磨炼了洞察事物本质和判断是非的能力。同时，以农为主、农牧结合的生产方式和藏传佛教信仰在另一方面又形成了他们安于现状、续居一地的心理特点。通过农耕放牧自给自足保障生存基本需要，通过贸易经商来集聚和储存财富，成为了康巴人普遍的生存方式。因此，家庭住宅作为彰显和储存财富的主要手段，康巴人对其格外看重。居所的建筑修建得是否高大气派、装饰是否华丽精美，往往是康巴人勤劳和精明能干的首要体现。

（三）兼容并蓄的宽阔胸襟

"君子腹中能容矛，小人肚里不容针"，这是甘孜州民间流行

① 钱穆. 中国文化史导论. 北京：商务印书馆，2002：42.

的一句谚语，它教导人们应具备豁达宽广的内心气度。康巴人的胸怀，主要体现为尊重他人、不斤斤计较得失、团结互助、乐于交友、仗义豁达等特点。独特的区域文化塑造了康巴人，使他们拥有逆境生存的坚毅果敢，兼具上善若水的柔韧灵性，同时还汇聚了多民族人民的生存智慧。康巴文化在吸纳不同文化的过程中，自觉地对其进行筛选与利用，最终演化成独特的区域族群文化特性，并不断获得本质上的发展与提升。这种兼容并蓄的文化特质，必然会孕育出康巴人雍容大度、达观知理的精神气质。

据传，德格土司却吉·登巴泽仁所修建的德格印经院，收藏了包括藏传佛教五大教派在内的各类典籍。他明确宣布，在印经院的势力范围内，对五大教派一视同仁。这种和平共处的方式，极大地赢得了当时五大教派的赞许和拥护。钱穆先生总结了人类文化的三种形态，即游牧文化、农耕文化、商业文化。他把游牧与商业文化归为一类，农耕文化为一类，认为前者表现为“富强动进”，后者表现为“安足静定”。[①]康巴人的族群性格正好融合了这三种不同文化的性格特质，展现了较强的包容度。他们热情好客、团结友邻、尊师孝亲、友善和睦，既深谙“一根羊毛虽纤细，搓成绳子能缚狮”的道理，又拥有“与其心怀诡计念佛经，莫如一片好心哼小曲”的洒脱。修筑一座藏式民居，绝非一个人或一家人的能力所能及，修建过程中必然有亲朋好友、邻里乡亲的帮助。在筑墙劳作时，动作节奏伴随着男女分部合声的特色曲调，充分展现了他们善于在团结协作中营造轻松愉快的乐观心态。居住形式往往也是婚姻和家族的体现。康巴地区许多地方有不分家的传统，既有以父系为主也有以母系为主的习俗。因此，其住宅往往修建得庞大而坚固。这样的家庭人口较为集中，人际关系也相对复杂。如果没有宽容大度的心态，这种多元化的家庭结构形态很难在历史长河中存在和延续。甘孜藏式民居装饰图纹中喜闻乐见的“和气四瑞”“和解图”等题材，也说明了胸襟宽阔、包容并蓄对家庭、社会都是一种人品修为和精神气质的体现。

---

① 转引自：孔德立. 绵延与转化：钱穆的中国文化观及世界意义. 走进孔子，2023（1）：9-13.

小　　结

风格是形式、内容、技艺、精神气质等相关要素有机融合的整体呈现。任何物体之所以能形成风格，是因为在某种意义上构成了一种相对恒定和固有的形式，并且每一种形式风格背后都蕴含着深刻的成因。甘孜藏式民居装饰艺术形式风格中五对“共存”的概念，是基于现象审美视角对室内装饰共性特征进行的抽象提炼。历史统一性、文化模式等历时性要素，对共性风格的形成起到了支配性作用。民居外观风格的差异性，则主要由地理特点和文化杂糅的共时性要素所决定。

共性是异中之同，差异性则是同中之异。二者的交织并存实则是文化在发展过程中一种内在平衡需求机制作用的体现。这充分说明了康巴文化和康巴人具有多元一体的内在特质，并对风格的形成起决定性作用。这种内在特质或许并不直接可见，但透过对其族群特征的画像，可以明确感知其精神气质的存在，并相应地投射在其民居装饰艺术的现象风格之中。对民居装饰的普遍重视，反映了康巴人乐于建设家园、注重物质和精神财富创造的基本心态。传统民居及其装饰艺术本身所蕴含的多重社会价值，是康巴人安守农耕又勤于精进的动力所在。

综上所述，对风格的分析不仅是一种形式的审美经验，也是一种理性的认识经验。在解读藏式民居装饰艺术的过程中，形式、内容与内在精神共同构建的风格，向人们展示了康巴人特有的文化模式和审美追求，也让读者深切感受到了康巴文化所蕴含的蓬勃内在活力。

第六章　藏式民居传统装饰的价值考察

对一种事物存在意义的认识，往往源于人们的价值判断。一般来说，作为社会群体心理表达的价值观，既是该群体深层情感的反映，又是文化的核心部分，因而具有相对的稳定性。但由于发展过程中社会环境的作用，它必然会随着时代的变迁和社会条件的改变而改变。因此对一个群体价值观的认识，对一种事物存在意义的认识，都不能用一成不变的眼光去看待。在当今各种文化观念碰撞和冲突的时代背景下，康巴人的传统价值观正面临前所未有的挑战和考验，外来文化的强大力量对本土传统文化形态的冲击不容忽视。甘孜藏式民居装饰艺术作为当地群众集体创造的文化表征，也必然受其影响。

近年来，甘孜州这片广阔幽远的宁静边地，在逐渐开放的进程中成为备受外界瞩目的香巴拉世外桃源。许多交通要道上的传统藏式民居正在变为旅游民宿。从近年新修建的民宿民居装饰来看，装饰符号的运用要么被功利性地加以夸张，要么被简化，这意味着传统藏式民居装饰的艺术价值正面临着当代转型发展。一方面，在“一带一路”、文旅融合、乡村振兴的背景下，当地群众发现传统藏式民居装饰艺术作为一种区域性民族文化遗产资源，具有了新的价值和意义。另一方面，新时代的藏式居民对传统装饰风格的选择正在发生改变,外来者也带着新奇的眼光欣赏、审视、评价着传统装饰，不断丰富和塑造着它的价值内涵。也就是说，在当下，无论是在当地藏族人还是在他者的视域中，藏式民居装饰艺术的价值都被重新思考和界定。

马克斯·韦伯认为，人是悬在由他自己所编织的意义之网中的动物，这形象地概括了通过人的行为进行意义研究以考察人与人造物之间互动关系的人类学模式。人类学强调要从被研究者的观点出发来理解其文化,而非用我们的理解将其切割成零星碎片,所以如果从“文化的互为主体性”角度来洞察和关注甘孜藏式民居装饰艺术的价值现状，就要立足于研究对象的事实描述和相关背景才能作出相对客观的判断。也只有这样，才能认识到客观对象中存在的“真”是否符合研究者主观理解的“真”。正如恩斯特·格罗塞在《艺术学研究》中指出：要以人类学、民族学的方法为基础来进行科学的艺术研究，直接从艺术事实出发去引出艺术的一般特点。[①]因而对装饰艺术的研究，借鉴人类学的方法可以增加对装饰艺术本体理解的客观性和真实性。对甘孜藏式民居装饰艺术的现实价值考察，即基于这样的一种思考：希望从田野调查的具体对象和微观材料中获得艺术本身在变化轨迹中的动态影像。即便如此，研究的目的还在于验证一种假设，即从中得到的结果与许多其他民族文化在生存和发展中所面临的境况相似，因而具有典型性、普遍性和现实性，所探索的解决问题的方式也具有某种参考性。在过去的10余年间，笔者对甘孜各地的典型民居作了多次田野考察。一方面，从研究视角出发，对甘孜藏式民居的装饰制作情况作简要记述，从审美视角对研究对象建立直观感性的认识；另一方面，抽取部分家庭居住者作深度访谈，以了解甘孜藏式民居装饰艺术的发展现状，以及当地藏族群众对其价值的认识和态度。

第一节　对传统装饰的价值认同

笔者以“当地居民如何看待传统藏式民居在现当代社会中的价值”为主题开展调研，考察范围主要是甘孜州（除石渠、色达和泸定外）15个农牧生产结合县的近郊村落（如炉霍县卡娘村、道孚县格西乡、丹巴县甲居镇和梭坡乡、白玉县河坡镇和盖玉镇、新龙县相堆村等）或交通要道经过的乡镇（如雅江县八角楼乡、稻城县桑堆镇、乡城县热打镇、道孚县八美镇、德格县马尼干戈镇等），并以这些地点范围的三四户传统藏式民居的居住者作为访谈对象（覆盖了中老年人、青年人和中小学生群体）。访谈中，主要围绕对传统藏式民居装饰艺术的总体评价、优点和不足、与

① 转引自：W. 沃林格. 抽象与移情：对艺术风格的心理学研究. 王才勇，译. 沈阳：辽宁人民出版社，1987：4.

现代建筑装饰的偏好比较、与各地不同风格的差异比较、对装饰内容和作用的了解程度等方面展开交流，并对访谈结果进行分析和归纳，总结他们对藏式民居装饰艺术的价值认同情况。

一、认同度与年龄增长呈正比

在被调查的家庭中，无论家庭状况如何，当被问及“传统藏式民居风格和现代城市建筑装饰风格相比，你认为哪一种更美观”时，绝大多数认为传统藏式民居更美观，少数人认为各有特色。当谈及“传统藏式民居的优点和缺点时”，大家都有较为共同的看法，即其优点在于装饰美观、空间宽大、冬暖夏凉、能满足传统生活习惯（如饮食、取暖、晒太阳、亲友拜访、聚会、礼佛、煨桑等活动），而其不足之处主要在于造价成本和维修费用太高。修建一座建筑面积约 200 平方米的三层藏房需要花费 50 万—70 万元，而且山林伐木要按政策执行，新修房屋或加建楼层都需申请报批。采光不好也是传统藏式民居的一个缺陷，主要在于墙厚而窗户较小。此外，也有部分年轻人认为传统藏式民居装饰虽然美观，但是制作过程太费时费工，从雕刻到绘画，量少需半年，量多则需三五年甚至更长时间，装饰程序较为复杂和烦琐，人工制作成本也较高。但从调查的总体态度来看，各种年龄层的人群对传统藏式民居功能及装饰美的价值认同度普遍较高。老年人认同度最高，年轻人也大多数认同，中年人介于其间。

二、认同度与家庭结构有关

调查发现，藏式民居建筑的规模与装饰的繁简程度成正比。甘孜的藏族聚居村落一般选址在河谷平地或者山原台地，住宅之间在建筑式样和装饰上互相影响。大多数情况下，越靠近城镇的民居越显得高大气派且越重视装饰，而偏隅之地的民居规模相对较小，装饰也较为简单，但也不乏例外。这种情形与家庭结构有关，主要是人口规模、经济实力和婚姻习俗等方面对装饰价值认同产生的影响。自封建农奴制废除以来，甘孜州藏族群众人口逐年增长，越来越多的农民家庭三代同堂，5—8 人及以上的大家庭日益常见。特别是进入 21 世纪以来，多人口家庭比重上升，少人口家庭比重下降。分析其原因，一方面由于生活与婚配条件的改善使藏族百姓的结婚率提升，另一方面经济和医疗水平的发展使藏族家庭的生育存活率和人口自然增长率上升。住在城郊的民居一般经济实力较强，家庭人口较多，所以民居占地面积相对更广、建筑体量相对更大，装饰普遍较为讲究。这样的家庭成员虽然年龄层次、身份、职业多样，但对传统藏式民居装饰价值的整体认可度较强，家庭成员通常具有较强的家庭责任感和凝聚力，尊崇养老敬老风尚，家庭价值观念较为传统。

2010 年笔者在新龙县磨房沟村采访泽巴家时，只有泽巴 70 多岁的老母亲在家。老人有三个儿子，每天回到城郊这栋藏房里的是二儿子泽巴夫妻和两个在城里读书的孙子。泽巴家的房子在村里算是较好的，从形制到装饰都是典型的传统藏式民居式样，但在藏式起居室旁又设置了汉式客厅。当问起老奶奶喜欢在哪一间活动或休息时，她毫不迟疑地说："还是藏式的好，看起来舒服、安静、宽敞，习惯了。儿孙们回来喜欢在那边（汉式）看电视。"也许对现代年轻人来说，同样作为视觉体验对象，通过电视所感知的五花八门的世界，远比传统装饰艺术所带来的感受丰富得多。同时，我们也不妨回想，在生活娱乐方式相对单一的传统社会中，装饰艺术对居住者的精神享受起到了不可忽视的作用。泽巴家是从传统走向现代的一个较为典型的过渡家庭模式：父母都是农民，一生都遵从传统生活方式；泽巴是城里的公务员，孩子们接受的是现代教育。像泽巴家那样藏式汉式兼有的客厅装饰正是时下在城郊颇为流行的样式。在经济条件允许的情况下，共存两种装饰风格以满足两代人不同的审美需求，已成为传统藏式民居在转型发展过程中的一种普遍现象。

此外，传统家庭婚姻形式也与装饰的价值认同有关。如道孚县扎坝乡大峡谷有一栋 2000 多平方米的藏式民居，由 62 根大木柱支撑整个房屋，整栋房子无处不绘，逢木必雕，前后建了 8 年还未完工。这里仍保留着男子走婚习俗，以母系血缘组成的家庭模式为主，母亲是家庭的核心，家庭成员以母亲一方为主线，三世或四世同堂的情况居多。在这种风俗影响下的藏房往往是规模较大而且喜欢装饰艺术的。

三、旅游开发促进价值认同

近年来，随着文化旅游产业在甘孜州的纵深推进，富有特色的传统藏式民居成了体现区域人文景观的热点，引起国内外的广泛关注。例如，道孚民居被称作“康巴名片”，丹巴县甲居藏寨被评选为“中国最美的六大乡村古镇”之首，乡城民居被称为“康南的白珍珠”。越来越多的旅游者希望体验原汁原味的藏族乡村生活，民宿接待成了新的旅游产品形式。在旅游旺季，政府挂牌的旅游接待点常常供不应求。从入住民宿的旅游者反馈的情况来看，大多数旅游者倾向于住在传统藏式民居中，更渴望体验藏族农家的生活，而装饰艺术中蕴含的民族文化特色正是吸引其选择的主要因素之一。

2007 年笔者在丹巴调查时，甲居藏寨最早接待游客的拉姆“三姐妹”家还保持着以前的传统建筑。时隔 5 年后再来此地，她们在寨子里已经新建了一座规模更大的藏房接待游客。新的三层楼藏房在传统式样基础上有所改变，虽然建筑外观仍为传统片石垒砌的碉房造型，但为满足游客需要，屋外铺设了水泥地面停车场，内部结构为带有卫浴的单间和设置公共走廊的旅店式样，使用宽大的铝合金门窗改善了传统采光问题。建筑的内墙和外墙都被夸张地画满了传统装饰图案。内墙装修木材使用减少，除了从县城购买的传统藏式家具外，其他装饰都在做过基底处理的刮灰墙面上进行，装饰的面积大大增加，相比原来藏房的装饰显得更为艳丽。近年来，甲居藏寨大量的传统藏房被扩建翻新，新藏房成倍增加，大有“甲居藏城”的感觉了。所有新建的藏房，除了内部厨卫采用现代化的装修和设施，建筑形制基本与传统保持一致，而对繁复装饰效果的追求则更胜以往。

“康巴人家”是道孚县鲜水镇较为有名的藏式民居接待点，特色在于其传统藏式装饰风格的图纹绘制十分精美。主人自豪地介绍：一层和二层的装饰彩绘是儿子花了三多年时间完成的，装饰面积共计有 400 平方米左右；儿子曾经为寺庙画过壁画，现在常年被邀请为九寨沟、黄龙、康定、拉萨等地的藏式宾馆作彩绘。他家的游客大都根据网上实景宣传图片慕名而来，主要目的是欣赏这里的装饰风格，体验藏族传统文化。笔者 2009 年在道孚县格西乡足湾村考察时，当地藏族群众多登正在扩建新的藏房（图 6-1）。新宅占地 200 多平方米，用了近 30 根直径约六七十厘米的木柱作支撑。多登在经营货运，经济收入比较高，所以新藏房更靠近公路。多登将窗户尺寸加大以便有更好的采光，并考虑了厨卫的设计，其他都沿用了传统藏式风格。他希望自己的新藏房能够用于民宿旅游接待。2019 年再次经过此地时，多登家已成为当地有名的藏式民宿，室内雕梁画栋，装饰空间颇为壮观。

图 6-1　多登家正在扩建新藏房（2009 年）

以上情况说明，在旅游开发进程中，不论是游客还是当地藏族群众，都对传统藏式民居装饰艺术有较高的认同度，这是一个相互作用、相辅相成的结果。游客对传统藏式民居独特的装饰风格有浓厚的兴趣，这种兴趣激发了当地藏族群众对传统藏式民居装饰艺术价值的新认知，进而使他们产生了自觉维护、利用和弘扬这一价值的强烈意识。与此同时，藏族群众对传统藏式民居装饰艺术的充分展现和传承，又进一步加深了游客对其的认知和体验。总体来说，藏族群众对传统藏式民居装饰艺术的价值持肯定态度，而且认同的因素也是多方面的。除了以上三方面之外，共同的文化基础、人际关系的相互评价、社会宣传效应等也是提升其认同度的重要因素。作为居住者，在他们的生活范围内，藏式民居的装饰不仅是能力和财富的象征，更体现了家庭的社会地位。不同家庭之间潜在的攀比，实际上是家庭社会地位的一种竞争。而他人的相关评价，也往往反映了家庭实力和个人价值。社会媒介对康巴文化全方位的宣传，使传统藏式民居装饰艺术的特色被广泛知晓，同时也展现了其作为民间文化遗产的资源价值，这些价值认同都是维系传统藏式民居装饰艺术长期繁荣发展的基础。

第二节 对装饰风格的选择趋向

“有学者把中国境内少数民族在20世纪以来的文化变迁归纳为三个阶段：文化的自然状态——制度化过程——全球化过程。”[①]按此观点，在新中国成立以前，在甘孜这一民族走廊地带，文化的交流交融虽然时有发生，但总体上处于文化变迁的自然状态。新中国成立后，我国实施的一系列政策，包括民族区域自治、宗教信仰自由、男女平等、婚姻自由、义务教育及手工业保护等，彻底改变了康巴地区上千年的封建农奴制度，使藏族老百姓过上了安定的居家生活，这标志着文化变迁进入制度化过程。改革开放之后，本地人外出做生意、打工，外界人士也开始涌入甘孜州旅游，这使得当地人的生活方式和传统观念逐渐发生了改变。随着21世纪信息化时代的全面到来和城镇化建设的推进，先进通信设施设备逐渐普及，义务教育得到广泛推广，现代交通网络四通八达，这些都极大地加速了甘孜州与外界的交流，显著提升了当地藏族民众的物质生活水平和居住质量。甘孜州正式开启了文化全球化过程，其改变主要遵循从县城到乡镇再到农村的“中心辐射式”路径。

在新老文化交替杂糅之间，当地人的观念中容纳了大量的模式与信息，多种文化形态的价值观、多元化的生活方式同时交织显现。藏族群众的居住形式自然会随着生活方式与观念的改变而改变。不但城里人住进了现代化的钢筋混凝土建筑，农村各地在脱贫攻坚取得胜利之后，牧民们也有了固定的居住房。政府扶助牧民搬迁至集中安置点，使其逐渐过上了稳定的社区生活。有些农区居民从山上搬迁到山脚，有些从偏远谷地搬迁到小镇或城郊，城镇化的吸引使得人们的居住流动呈现由乡村往城镇靠拢的“向心聚合式”迁徙模式。面对这种改变，人们对住宅装饰的选择和趋向又如何呢？

① 刘俊哲. 四川藏族价值观研究. 北京：民族出版社，2005：227.

一、城市建筑趋于装饰符号化

近年来，随着城区建设速度不断加快，在甘孜州各县市，现代建筑已占据整个城区的80%以上。主要街道、行政办公楼、商业中心、学校、社区、酒店等建筑都是钢筋混凝土架构，从材质、功能到室内空间结构等方面，与大都市建筑已无显著差别，唯一不同的是建筑外观的装饰。

传统装饰形式在这里出现两种类型。一种是用简洁而具有代表性的色彩和符号装饰于现代建筑的外墙、顶檐和门窗，这是最常见的风格形式。题材以宽边绛红底的白色圆形连珠纹为主，一般重叠两三排；窗户上多以绛红和白色相间的瓷砖贴面；有些墙面的中心、四角及屋檐，还绘有少量的传统花卉或动物纹样。这种装饰简洁而不失民族特色，因此成为各县城的主流趋向。例如，炉霍县新修建的格萨尔广场周围的现代公寓楼，普遍采用了这种鲜明的风格，屋顶还保留了传统白色的山形拉吾则翘角造型（图6-2）。

图6-2 炉霍县城新民居

另一种则更多地体现在商业门面的装饰上，为典型的门店楼宅或前店后厂式建筑。这种装饰保留了传统梁柱装饰形式，图纹内容丰富、色彩鲜艳，属于纯粹的传统装饰风格（图 6-3）。但其制作方式已经不是传统的在木材上进行绘画或雕刻，而是使用了现代化的水泥模具（图 6-4）。灰色的模具先制作成型，表面经打磨后再施以彩绘。这种形式虽然比传统装饰显得粗糙，但在室外环境以及现代化建筑的映衬下，其视觉效果却颇为醒目。

图 6-3　白玉县城民居（下为商铺）

图 6-4　模具制成的水泥铺面门框（未上色）

以上两种类型反映了在城市化进程中，甘孜州藏族群众充分利用现代建筑材质来表现民族装饰语言，以在满足传统审美需求的同时自信地展现民族文化特色。总体而言，无论从材质、技法还是其他表现语言来看，这两种类型都比传统式样简化了许多，是对传统装饰艺术共性特征的符号化提炼或标识性展现，在城市中形成了本地民族建筑装饰的新式样。

这种符号化的装饰形式，在早期可能源自城市化进程中文化的自然变迁，是在改造过程中因应传统审美需求而对传统装饰形式的一种移植。后来，随着国家相关政策对民族地区城市建设提出体现“特色风貌”的具体要求，这种符号化的装饰便逐渐成为制度化的结果，并反过来影响了农居的装饰风格。例如，乡城白色藏房原本外墙无装饰，但近年来城郊新建民居中也出现了简单绘制的符号化连珠纹装饰。同时，甘孜州乃至整个涉藏地区的城镇都纷纷涌现出带有藏式符号的现代建筑装饰，这表明城镇化进程也促进了新的同质化现象的产生。

从对各县城居住在现代住宅中的藏族群众的调查发现，绝大多数人都乐意接受这种新的住宅形式及其建筑外观的符号化装饰。丹增和玉强，两位40岁左右的康巴人，在白玉县城工作。他们的父母兄弟居住在城郊的藏房，而他们自己的小家则位于城里的现代公寓。当问及对传统藏式民居装饰的看法时，他们非常肯定其价值，并对当地有名的画师或手工艺人略数二三。但是，当问及对住宅的选择意愿时，他们回答更喜欢住在城里的公寓，因为房间普遍采光好，而且室内现代设计风格较为简洁、易于打扫、功能实用，回旧房子住反而会不习惯了，感觉有些沉重和压抑。丹增和玉强的选择，实际代表了绝大多数60岁以下中青年人的态度。有些住在城市公寓里的老人，室内仍然采用了传统的装饰风格，只是已经相对简化，仅在客厅和卧室放置藏式家具和装饰物品，其他空间则配置现代化的家具和电器。

二、传统与现代装饰糅合于城郊

当传统遭遇现代，在碰撞和冲突的过程中，文化形态的变迁呈现一个基本特征，即城市中心的现代化最显著，离城市越远传统文化的痕迹越浓厚。甘孜州各县城郊、各乡镇和各交通要道周边区域作为城乡接合部，成为传统文化向现代化转型的过渡地带。在这些区域，民居装饰的选择不仅充分体现了传统与现代之间的较量，同时也彰显了两者之间的兼容并存。

（一）对传统装饰形式的强化

与人口流动频繁的县城和乡镇相比，居住在城郊或镇郊的老百姓生活状态反而相对稳定。他们既拥有传统农作生产的经济收入，又能在城里打工，或从事养殖副业为城镇提供生活所需产品，因此经济收入普遍高于其他农区，从而有条件修建品质较好的民居。据道孚县旅游局相关负责人介绍："装饰艺术早期在贵族家庭才有较为讲究的情况。以前的农民经济条件不好，普通老百姓家中少有装饰。在农区，真正盛行装饰是改革开放之后，随着物质生活条件的改善才逐渐普及。后来随着旅游开发的日渐兴盛，老百姓慢慢认识到传统藏式民居的商业价值。无论作为自己居住还是有其他打算，他们都愿意把自己的房子建得精美些，以提高生活质量，使居住更加舒适、视觉更美观，也更能吸引旅游者的兴趣。"在这一过程中，早期一部分先富起来的村民最先开始精心装饰自己的房屋，成为村里的模范，其他人也随之效仿。风气一旦形成，无论经济条件好坏，家家必有装饰，区别只在于装饰精良的程度和覆盖面积的大小。

目前，城乡接合部的藏房出现两种趋势：一种作为自己居住，在原来的基础上添加或者更新装饰。以经堂为例，早期的装饰多绘平面壁画，内容以佛像题材为主；现在则以镂雕加彩绘的木龛为主，内供诸佛雕塑，四壁还挂满彩绘唐卡，天花板和梁柱上绘满了丰盈的花纹。和早期的经堂相比，从平面转向立体，从单一的形式转向了多样化的表现，体现了民间装饰艺术在"质"上的提升。另一种就是近年来在旅游发展中新建的民居，目的是接待游客，因而在藏房装饰上有意识凸显传统民族特色，以满足游客的兴趣偏好。在这种利益驱动下，户主往往功利化地利用传统装饰艺术的价值，在新藏房的所有空间都"快餐式"地画上装饰图纹，并进一步形成了专门为藏式民宿作装饰的行业工匠，其结果容易千篇一律，反而失去了各家藏房该有的特色。显然，装饰的动机已经和从前有很大不同。过去主要是取悦自己，现在则转变为取悦他人。装饰艺术的品质也发生了变化，普遍重“量”而轻“质”。以上两种趋势都表现为对藏族传统装饰艺术价值的有意识强化。

（二）对传统装饰功能的改造

在强化装饰民族风格的同时，对传统民居装饰的改造也在同时发生，主要表现在与居住功能的结合。以前的藏式民居，若三层楼式样的，常见一楼为牲口圈养棚，二楼为起居室和经堂，三楼为晒坝。客厅与厨房往往融为一体，并未加以明确区分。厕所为二楼搭建在外墙的小木楼。在现代建筑注重人居环境科学的影响下，传统藏式民居的功能性开始有所改善。总体而言，主要体现在以下三个方面。

第一，功能分区。主要体现为人畜分居和客厨卫分置。改革开放以后，出于对健康、居住环境以及功能科学分区的考虑，政府积极倡导“人畜分居”政策，将牲口移至屋外院内圈养，一层改为囤积粮食和存放工具的仓库，改变了旧式藏房上层人居、下层养畜的情形，既能隔绝噪声，又改善了居住空间的空气质量。传统的客厅中央通常设有火塘，人们习惯于围坐在火塘边用餐或喝茶待客，但客厅四壁往往因为烟熏火燎布满黑色的烟尘。近年修建的民居将厨房与客厅分室设置，或于院内单独修建厨房，并引入电、煤气等清洁能源。有些家庭还拆除了旧式厕所，在院内新建了冲水式卫生间，兼具沐浴、洗衣等功能。

第二，新旧并置。人口较多、空间较大的家庭，往往建有藏式客厅和现代客厅。藏式客厅中所有装饰和家具都保持传统风格，而现代客厅则采用了简洁明快的现代风格设施，从吊顶、灯具到推拉门窗、沙发茶几、装饰画等。相应地，卧室也两种风格兼而有之。新旧风格并置的状况通常是为了满足老年人与中青年人不同的生活习惯而特意设置的。

第三，局部改造。传统木质窗框较为厚重、尺寸较小，且采光受限，新建或改造的窗户普遍加大尺寸，旧式的木质窗扇换为铝合金推拉窗（图 6-5 右）。有些室内门框门扇也更换为铝合金材质，推拉方便，且光线能充分照进房间。平顶本是藏式建筑的典型特征之一，但近年来在城乡接合部或交通要道附近可见成片的平顶藏房上加盖了红色或蓝色的铝合金彩瓦（图 6-5 左），其形状做成了汉式传统的歇山式坡屋顶，十分现代且醒目，但丢失了一份与原住宅风格和谐一体的美感。为了充分利用当地阳光充足的优势，有些民居还在屋顶上装置了太阳能热水器。

图 6-5 外观改造后的铝合金彩瓦（左）与铝合金推拉窗（右）

三、偏远农区装饰沿袭传统风

2015 年，在从白玉前往甘孜县的路途中，笔者随兴考察了偶曲河谷章都乡的一个村落。山脚下，六七栋传统藏式民房错落有致地排列着。在村口，我们遇到了 30 多岁的桑丹，他非常热情地邀请我们到他家做客。桑丹的父母都以务农为生，而他本人则颇具经济头脑、精明能干，平时经营着白玉至甘孜县城的客运业务。桑丹指着右边的山头，告诉我们山巅上依稀可见的土墙民居废墟是他家以前的房子。10 多年前，他们一家人搬到了山脚下公路边的藏房居住。原来的住户因工作原因搬迁到城里，于是将当时村里最气派的住宅卖给了桑丹。他家现今的藏房，从外观造型到内部装饰，都展现了典型的白玉传统民居的格调。客厅装饰着崭新的图纹，经堂则呈现出新旧结合的痕迹，部分窗户已经改用了铝合金门窗（图 6-6）。

当被问及“白玉民居和周边其他地方的民居相比较，你认为哪里的风格最好看”时，桑丹毫不犹豫地回答：“当然是白玉的最好。房子高大气派，装饰最为丰富，特别是滴水屋檐和冠状窗楣，其他地方很少见到这种样式。”可见，他对当地民居与众不同的风格优势十分了解。高大的空间里，满壁的装饰熠熠生辉，这让桑丹感到十分自豪。那是他辛勤汗水换来的成果，也是他勤劳与智慧品格的见证。显然，在较为偏远的山区，即使年轻一代

图 6-6 同一村的新旧传统民居（左为桑丹家）

有机会不断与外界接触，但他们的思想观念和生活方式仍然在某些方面沿袭着传统。

此外，沿着甘孜州 317、318 国道及其分支公路两旁的部分牧区，分布着许多由地方政府修建的搬迁工程居民安置点。这是甘孜州实施多年的扶贫计划的一部分，旨在帮助牧民过上安稳的定居生活。过去，甘孜州牧民一般在峡谷偏远地区有自己的冬季牧场，修建有简易平房，一家人在那里过冬。待到水草丰茂的季节，家里的中壮年人便带着家人前往山上的夏季牧场，搭建黑帐篷，过起游牧生活，天寒时节再搬迁回冬季牧场，子女也因此无法接受稳定的学校教育。尤其在冬季，一旦遇到雪灾之类的恶劣天气，冬季牧场上的牛羊就可能大批冻死，导致生活难以保障。

甘孜州在易地扶贫搬迁试点工作中采取了“市场牵动、行政推动、产业带动”的工作措施，将居民安置点修建在交通要道、乡镇周围或传统聚居村落，以解决交通、水利、电源、就医、教育等问题，并因地制宜地大力培育和发展安置区的后续产业，努力拓宽牧民的就业增收渠道。新建的民居社区采取了统一规划和建设的方式。为了尊重传统习俗，这些民居基本采用了钢筋水泥建筑结合传统木质内装的设计。外墙统一装饰为绛红色或乳黄色等传统民居常见的色调，而屋檐则仍饰以白色连珠纹（图 6-7，图 6-8）。牧民们在政府的引导下，逐步过上了稳定可依、社区协作、农牧商结合的生活，居住生活条件也得到了进一步改善。虽然装饰艺术在传统游牧民生活中的价值体现远不及在农区那么凸显，但是一旦他们定居下来，装饰作为一种精神和视觉双重需求的美化艺术，仍然会在稳定的生活环境中逐渐得到普及和应用。

图 6-7　炉霍移民新村（2008 年）

图 6-8　德格移民新村（2019 年）

第三节　关于现状和未来的思考

多次考察之后，笔者发现：在甘孜州广大的农区，传统藏式民居对装饰艺术的应用仍有其牢固的基础。当地藏族群众，无论是城里人还是农牧民，都普遍认同其作为传统艺术的价值，但在对家庭装饰风格的现实选择中，因职业、文化程度、受教育模式、年龄、生活习惯等方面的不同而存在一定差异。总体来说当地藏族群众对传统藏式民居装饰风格的选择呈逐渐递减趋势，且其对装饰的价值认识在社会发展中又发生了某些变化。

作为一名文化艺术研究者，笔者一方面深感当地藏族老百姓对传统民居装饰的热爱，另一方面也为藏式民居装饰艺术未来的传承和发展隐感担忧。特色文化的本质是当地族群独特的生活方式和整套的生存式样。如今，甘孜州正面向世界开放，康巴传统文化赖以生存的社会环境正在发生剧烈的变化。在文化变迁的过程中，装饰艺术无论是逐渐被异化，还是被夸张地强化，其存在的理由都与传统需求有所不同。在现代化进程中，落后、粗陋、迷信的文化形式被先进文明所取代，这是历史发展的必然规律。对包容性较强的康巴文化来说，吸纳融合新事物是历史和族群的传统。与此同时，某些优秀的藏族文化遗产也在不同程度地走向式微。藏式民居装饰艺术作为个中要素，其赖以生存的文化生态系统正经受一场全球化进程中必然会遭遇的考验，其未来发展也面临着融入现代化进程和保持传统文化特色的两难境地。

一、康巴文化生态现状描述

一个族群的文化生态系统是否健康，影响着其中个体因子存活与发展的质量。每一种文化形式都拥有独特的生态模式，遭遇异质文化的冲击时，必然是一场文化影响力的较量。许多民族传统文化都面临着这样的挑战，康巴文化也不例外。总体而言，文化的显性式样作为有形、可见、物质的形式，其改变往往比无形、隐形、非物质的样式更为快速而直接，而深层价值观念的改变则相对缓慢。

（一）文化的显性式样改变迅速

从表面上看，以民居装饰艺术为代表的传统文化显性式样，在广大农区还能看到较强的生命力，但在城市中，似乎已经逐渐沦为被动黏接的零星碎片。在甘孜州各城镇里，钢筋水泥高楼越来越多，藏族群众对传统民居装饰形式的选择概率已经明显下降。近年来，随着对传统民居建筑消逝现象的日益关注，政府在城市建筑规划中对民族文化特色的保护意识有所增强。但遗憾的是，所采取的有效措施大多仅限于现代建筑与传统装饰符号的简单结合。

在显性样式中，饮食和服装又是最容易变化的，因为人们有很快适应味觉改变的生理本能，又容易接受新鲜而多样的视觉形式。乡镇各种商品、业态都已是现代城市化的产物，藏餐厅、藏式服装缝纫店、传统手工艺店、藏药店、藏式家具店等具有民族特色的商业形态及其数量在逐渐萎缩。在城市中偶见穿着传统藏族服装的居民，也多为中老年人。

从县城中心延伸出来的现代公路已贯通至各村庄，许多家庭也使用上现代化的交通和生产工具。据道孚县卡娘村的村支书介绍："村里20到45岁的中青年人大多数都能说普通话，喜欢听歌、看节目，熟练使用手机，部分还能读写汉字，而学龄段的孩子已全部接受了义务教育。"就连各大藏传佛教寺庙的喇嘛们，使用手机也相当普遍。这些可见的变化充分说明藏族百姓对现代文化的认同和接纳，而且这种趋势随着年轻一代的成长还会逐步深入。

（二）传统价值观改变相对缓慢

历史表明，文化最容易被改变的是其表层现象，文化的深层意识改变是相对缓慢的，特别是其内在价值观具有稳定性和持续性，在短时期内难以改变。城里的藏族群众，即便平时穿着普通大众生活装，在家里也都珍藏有属于自己的贵重藏装。在重要的传统节日里，大家都会尊重传统习俗，着藏装参加转山、跳神、耍坝子、赛马、歌舞等传统活动。近年来，着藏装跳广场舞、坝坝舞也是新的文化融合方式。

只要传统价值观体系还存在，传统藏式民居装饰艺术就仍是一种需求体现。一般来说，相对于其他物质表现形式，民居建筑风格在文化中的改变是相对滞后的，所以传统藏式民居才会在城区之外还广泛存在。这也说明了藏族传统价值观在广大农区还有相对牢固的根基。在调查采访中笔者了解到，即便是在县城生活的藏族居民，每家都会设置经堂或者供佛的特殊空间位置。除了每天进行常规仪式外，人们还会定期到寺庙朝拜，说明藏传佛教信仰至今仍影响着大多数藏族人的日常生活行为、道德观念、人格理想追求、审美观念等。至今，在甘孜州广大农区，人们仍保留着建房前要请喇嘛来择吉日，以及开工和完工后要举行庄严仪式的传统习俗。

即使随着社会的进步和科学技术的普及，传统文化价值观也会长期存在。但年轻的康巴人普遍容易接受新的价值观，他们对传统宗教信仰远不如长辈那么执着，更大程度上是将其作为一种生活习惯与社会习俗来延续。孩子们都享受着义务教育，农区各村内有医生和科技人员，还选出了当地的人大代表。婚姻和教育已不再受传统观念的羁绊，人们开始走出村落，走向更广阔的自由天地。随着他们对现代各种文化的认知加深，藏族文化也逐渐从自为一体的传统模式走向多元并存的发展模式。康巴群众的价值观正在展现出兼容并蓄的新内涵，这既标志着文明的进步，也意味着某些传统文化现象在走向式微。

（三）装饰手工艺人才队伍逐渐萎缩

装饰艺术存续的前提是手工艺从业人员队伍的存在。然而，随着时间流逝，甘孜州各类有经验的工匠艺人逐渐老去，而年轻的传承人群势单力薄。现代生活方式改变了传统社会手工艺的经济形态，随着不断推陈出新的现代产品成为年轻人追逐的时尚，传统手工艺产品逐渐失去了消费市场和受众，逐渐演化为旅游纪念品、奢侈消费品或高端收藏品。市场的萎缩必然使传统手工艺人才队伍的维系成为问题。

一方面，年轻人不再愿意从事传统手工技艺。无论是绘画、木雕，还是金工、石刻、编织等，技艺的传承学习需要付出大量的时间和精力，需要经过长期的勤奋实践才能变成受人尊重的生存技能，成为体现社会价值、发家致富的能力和手段。然而，现代社会提供了多种生存方式和实现价值的途径，获得财富的方式显然比从事传统手工艺来得更为快捷和有效。因此，很多年轻人不再选择费时费力的传统手艺作为谋生的方式。过去普遍以家庭为单元的乡村手工作坊日渐荒废，会手艺的中青年被吸纳到城镇手工艺企业打工，或进入城市商圈行业谋生，手工艺从业人员正在逐步从空心化的乡村流失。会手艺的年轻人一旦走出甘孜州，适应了外面的世界，便会接受新的价值观。在对文化的认识与比较中，他们会对传统文化与现代文明进行重新审视和选择。即便回到当地，他们也会努力改变传统的生活方式。年轻人在爱情、婚姻、家庭、择业、居住方式等方面都体现出更多的自主选择权。

另一方面，现有从事藏式民居装饰的手工艺人队伍与时俱进的能力薄弱。他们整体上已步入中老年阶段，绝大多数不会说普通话，难与外界交流；而相对年轻的中青年手工艺人也普遍满足于自身掌握的传统技艺。当每一个体依靠手艺收入足以维系家庭生存时，往往整个行业就会缺乏创新发展的意识、动力、格局和内在机制，这也导致各种手工艺人才队伍及其技艺无法与时俱进，难以取得质的突破和实现可持续发展。当然，随着旅游业的逐渐兴盛，部分从事藏式民居装饰的手工艺人正在城市或旅游村寨的商业民宿中发挥作用，但付出与收益的关系决定了制作者的心态，所以装饰的性质和效果与过去有很大不同。

二、对未来发展的思考

一种艺术形式生命力的长存，必然依赖于良好而稳定的文化生态系统。当不同的文化形式与不同的价值观相遇时，必然会经历碰撞、冲突、选择、利用、整合与转化的过程。从文化自然变迁的视角来看，传统藏式民居正在结合现代建筑的优势特点，摒弃原有的缺点，如传统土筑墙体的不坚固、不防震，传统崩空架构的不防火、对森林木材资源的过度消耗，以及窗户采光受限、室内功能分区不明等，取而代之的是防震性强的钢筋结构、轻盈的铝合金材质、透光性能好的玻璃、节能排污的管道等，更加科学环保。这样的变革必然会弱化传统藏式民居的特色。一旦装饰艺术所依附的载体改变了，其原有的存在价值也会随之减弱，甚至可能被新的装饰所替代。无论何种改变，都是文化利用、文化整合过程中的必然现象，而且谁也无法预料任其改变后民族文化的原真性还存在多少。基于此，传统藏式民居装饰艺术作为传统藏族艺术的显性形式，在其未来发展可能面临困境时，我们是否应给予适当关注，并采取前瞻性的减缓措施？如何在一定程度上保护和促进甘孜藏式民居装饰艺术的可持续发展，这既是本书研究的起点，也是行文结束之际乃至未来研究都必须深思的问题。

（一）加强对藏族传统民居文化遗产性质的认识

丰富多样的甘孜传统藏式民居，是康巴传统文化的特色形式，是世世代代康巴人劳动创造和智慧的结晶，蕴含着藏族与多民族传统文化交融的基因和性质。康巴人的历史记忆、思维方式、价值观念和行为方式等特性，都隐喻在这些民居之中。在文化全球化的大背景下，文化遗产的保护与传承已成为人类社会发展的重要课题之一。2001 年，联合国教科文组织在《世界文化多样性宣言》中明确指出："文化多样性是交流、革新和创作的源泉，对人类来讲就像生物多样性对维持生物平衡那样必不可少。从这个意义上讲，文化多样性是人类的共同遗产，应当从当代人和子孙后代的利益考虑予以承认和肯定。"随着时代的变迁，传统藏式民居的多样化风格特性正逐渐被单一的现代性所取代，这已成为一种必然趋势。因此，我们必须从文化遗产的视角出发，对其加以充分的认识和理解。

从我国学者对文化遗产的内涵阐释来看，甘孜传统藏式民居具有两种相关性质：一为人类有意设计和建筑的文化景观遗产，主要指"人类长期的生产、生活与大自然所达成的一种和谐与平衡，与以往的单纯层面的遗产相比，它更强调人与环境共荣共存、可持续发展的理念"[①]。特别是那些聚族而居的村落，与自然环境构建的和谐共生场景，已经形成了蔚为壮观的康巴乡村文化景观遗产。二为民族民间传统文化遗产，即"农耕时代民间的文化形态、文化方式、文化产品，一切物质和非物质的遗存"[②]。从整体意义上讲，甘孜藏式民居不仅包含了作为文化景观遗产的物质载体，也蕴含了康巴人集体创造的居住文化观、传统手工艺、建造技艺等非遗内涵。王文章先生曾总结，非遗具有独特性、活态性、传承性、流变性、综合性、民族性和地域性七个基本特点[③]。这些特点在甘孜州各地传统藏式民居及其装饰艺术中都得到了直观而明了的体现。因此，无疑应该充分认识甘孜

① 刘红婴，王健民. 世界遗产概论. 北京：中国旅游出版社，2003：103-104.

② 冯骥才. 抢救与普查：为什么做，做什么，怎么做？. 河南大学学报（社会科学版），2003（3）：1-4.

③ 王文章. 非物质文化遗产概论. 北京：文化艺术出版社，2006：51-57.

藏式民居作为区域文化景观遗产和装饰艺术所具有的非遗特性两个方面的价值。

（二）加强对传统藏式民居及其装饰艺术的整理研究

调研还发现，藏族群众对民居的装饰只有两个基本的感性认识——“好看”“吉祥”。对装饰艺术的形式与内涵为何、如何作用于人们的心灵、未来的传承与发展如何等，他们往往感到模糊和不确定。尽管装饰艺术在民间的生命力是构成整个藏族传统文化价值的重要一环，但其萎缩或变异也反映出民间艺术形式的自发性、自在性和自为性实质。对任何文化现象的保护，都必须建立在对其价值的充分认识之上。因此，不能等到民族文化的现实与传统之间出现断裂之后，再去收集、整理那些散落于田野的文化遗产碎片。现阶段应对具有显著区域特色的代表性藏式民居建筑及其装饰艺术，从现象到内涵进行系统性的整理研究，包括数字化影像记录和田野口述记录，以充分发掘其人文价值、艺术价值、科学价值、历史价值，既为展现康巴文化艺术的资源特色而努力，也为当地人文资源的保护构建学术研究基础。

（三）加强藏式民居特色村落保护与可持续发展机制建设

可持续发展观是当今社会人类对自身发展历程加以反思总结的战略思想。有些偏远地区的特色民居村落，如果没有预见性的保护措施或者可持续发展的认识，在社会发展进程中可能会很快消失。以白玉县三岩乡的戈巴民居为例，它们坐落于险峻且封闭的大山深处，居民至今沿袭父系部族社会文化模式。一个戈巴家族以最老的家庭房屋为中心，逐渐扩建为一个城堡式的民居群落，其形态极具特色，但在现实发展中也面临着被遗弃的“空城化”危机。茶马古道上的锅庄民居、官寨民居等，都具有不可再生性。只有充分树立对传统藏式民居的保护意识并建立保护传承机制，才能真正实现其未来的可持续发展。

这方面可以借鉴一些国外的经验。以日本为例，截至2005年建立了61个“重要传建地区”，“选定标准有3条：①全体传统建筑物的设计优秀；②传统建筑物及分布保持完好的原状；③传统建筑物及周围环境有显著的特色。只要符合其中一条标准的地区就有可能被认定为‘重要传建地区’”[①]，而村落保护是其中的主要类别之一。

21 世纪以来，我国政策强调了关于文化遗产管理的指导方针，明确了抢救与保护是传承发展与开发利用的前提。近年来，在建设“美丽乡村”和乡村振兴战略的时代背景下，我国对传统民居的保护工作已经大范围展开，并取得了显著成效。针对那些具有原真性、整体性、活态性的民族村寨或聚落，政府及时采取申报评选方式，将其纳入国家级、省级保护名录。截至 2023 年，甘孜州拥有 94 个国家级传统村落[②]，如丹巴县梭坡乡莫洛村和巴底镇邛山一村、白玉县赠科乡扎马村、得荣县子庚乡八子斯热村、稻城县各卡乡卡斯村、理塘县甲洼镇俄丁村等，各县都有代表性村落列在其中；仅 2022 年，就有 267 个村落被列入四川传统村落名录[③]。只有主动而积极地开展资源性保护，才能将可利用的文化遗产资源转化为现实经济发展动力，转化为文化生产力，让当地老百姓享受到文化资源带来的福祉，增强本土文化的自觉保护意识和文化自信心，传统藏式民居及其装饰艺术才会获得持久的、有深厚基础的可持续发展。

目前，甘孜州正在推进全域旅游建设，现代交通将为其创造良好的旅游条件，康巴文化的魅力必将在全球化视野之中得以充分展现。而在此阶段，对甘孜藏式民居开展学术考察，并关注其作为乡村文化遗产的资源价值，无疑是最佳时机。

小　　结

对装饰艺术生存价值的考察是对其本体价值的现实反思。本章结合对甘孜传统藏式民居的调查，分析传统装饰艺术在康巴地区当代藏族群众心中的价值认同情况，并通过他们对装饰形式的

① 苏东宾. 日本的重要传统建筑群保护区制度：以佐贺县肥前鹿岛为例. 规划师，2005（3）：88-91.

② 分类保护利用甘孜传统村落焕新颜. 2023-11-27. https://www.sc.gov.cn/10462/10464/10465/10595/2023/11/27/954b84f213a54af2be42300483c66f3a.shtml.

③ 四川省人民政府关于公布首批四川传统村落名录的通知. 2023-04-11. https://www.sc.gov.cn/10462/zfwjts/2023/4/19/c13403fe19a74f578e48d872240968eb.shtml.

选择，映射出传统民居及其装饰艺术的现实生存状态。

从本章分析不难看出，甘孜州藏族群众对传统民居装饰艺术的价值普遍持认同态度。这种价值认同主要植根于共同的文化价值观、民族宗教信仰、传统审美习俗、文化自觉与自信的坚实基础之上。然而，价值认同并不等同于现实生活中的实际选择。随着文化现代化和全球化进程的不断推进，当地藏族民众的传统生活方式正遭受持续冲击，文化的外在表现形式正在迅速变化。尽管传统价值观的改变相对缓慢，但已显现出不可逆转的趋势。

在藏式民居装饰方面，出现了过度简化和有目的强化两种极端现象。前者主要源于城镇化建设的需要，而后者则是旅游开发带来的功利性后果。现代建筑功能与传统装饰风格的融合，在城郊地区体现得尤为明显，这一趋势正逐渐影响到广大农区，改变着当地传统民居的风格。一方面，传统藏式民居装饰艺术在多元化发展中焕发了新的生机，人们根据生活需要利用现代建筑优势对传统民居进行着积极的改造。另一方面，传统藏式民居装饰艺术的手工艺业态正在退出现代社会。尽管甘孜的藏式民居具有康巴乡村文化景观遗产价值，其装饰艺术也承载着非遗的丰富内涵，但在未来，传统藏式民居及其装饰艺术能在多大程度上得到原真性保留、传承和可持续发展，还需要学术研究者、当地政府和社会各界的共同努力。

第七章　文化视角下的多维解析与启示

甘孜藏式民居装饰艺术是藏族文化的重要组成部分，是康巴文化的缩影。“佛陀把宇宙比喻成一个广大的网，由无数各式各样的明珠所织成，每一颗明珠都有无数的面向。每一颗明珠本身都反映出网上的其他明珠，事实上，每一颗明珠都含有其他明珠的影子。”[①]这句出自佛教文化的话形象地说明，作为人类的创造物，任何艺术都是人类文化之网上的某个交织点。它应人的需求而产生，既有个体的独立特性，又传递着整张网的相关意义。马克斯·韦伯曾提出，人是悬在由他自己所编织的意义之网中的动物，格尔茨也认为“文化就是这样一些由人自己编织的意义之网”[②]。这些妙语经典，都从相似的角度来阐释一个道理：一切事物个体既有其独立存在的价值，又与其他事物之间有着紧密联系、相互依存的关系。

对甘孜藏式民居装饰艺术而言，从宏观视角来看，它是文化之网上的明珠、文化中的符号；从微观视角来看，它自身就是多种意义的集合体。甘孜藏式民居装饰艺术本体与其中各要素之间、与整个藏族文化及其他各种文化形式之间的生存和发展，都呈现出这样一种紧密而复杂的结构关系。因而，本书对甘孜藏式民居装饰艺术从不同切面进行剖析的过程，即是透过这一“明珠”或“符号”，探索特定时空环境中藏族民间艺术与藏族文化、藏族群众生活方式之间关系的过程。

通过对甘孜藏式民居装饰艺术的研究，笔者从以下几方面总结所获得的启示。

一、对甘孜藏式民居装饰艺术文化属性的基本认识

甘孜藏式民居装饰艺术反映了藏族传统文化的基本特征，同

---

① 索甲仁波切. 西藏生死之书. 郑振煌，译. 北京：中国社会科学出版社，1999：49.

② 克利福德·格尔茨. 文化的解释. 韩莉，译. 南京：译林出版社，2008：5.

时具有本土化、区域化、多样化特征。宗教信仰、审美需求、价值观念等文化属性是甘孜藏式民居装饰艺术在民居中广泛存在的心理基础。主体需求与客体存在的文化契合性，决定了甘孜藏式民居装饰艺术这一特定形式在传统藏式民居中成为自觉选择，也是各地风格呈现共性特征的主要原因。

地理环境、族群发展、文化交融等对康巴文化的塑造有重要作用，决定了康巴多元文化形态的产生。在文化的历史变迁过程中，康巴人民因地制宜的创造和兼容并蓄的智慧在藏族传统文化生态系统中得以繁衍、升华，使得康巴人文特色在甘孜藏式民居景观中得到了显性体现。作为民间居住文化的典型形式，甘孜藏式民居在构建和展现我国民族区域文化乃至世界文化的多样性中具有不可忽视的作用。当传统藏式民居赖以生存的文化生态环境被无可阻挡的现代化进程所打破，当其面临逐步被现代文化模式所融合的必然境遇时，如何保护、传承和弘扬这一区域优秀文化遗产，使其在生存和发展的良性互动过程中具有可持续性，就成为摆在我们面前的重要课题。我们需要在广袤的康巴大地上留住有价值的历史记忆，让康巴人的子孙后代能够记得住乡愁，共同推动这一区域的和谐发展。

二、多视角分析有利于构建理解研究对象的立体维度

甘孜藏式民居装饰艺术的存在意义，可以从不同的角度来理解。从表现形式来看，它充分体现了藏传佛教彩绘、雕刻艺术的基本特点；从表现内容来看，它反映了藏族传统文化的基本内涵及多元文化因子的融合特性；从物质表征来看，它丰富了藏式民居的整体风貌特色；从审美价值来看，它满足了居住者对美好生活的心理期盼；从民俗现象来看，它体现了康巴民间生活居住文化的基本样态；从存在现状来看，它反映了我国区域文化遗产的现实样貌。所以，在更为宽泛的视野中，甘孜藏式民居装饰艺术可以分属不同的学科领域来理解，它是多个领域综合于一体的表现载体。

将甘孜藏式民居装饰艺术作为一种视觉文本，从不同的角度加以剖析和解读，以求得一种全面理解的方法探索，是本书研究出发点之一。在研究过程中，既要立足于艺术本体视角，又要借

鉴多学科相关理论和解读方法，对甘孜藏式民居装饰艺术的形式、内容、风格、审美感知和价值现状作出分析，充分理解其在各个领域的表现特性，并对照其中的关联性。这是一个解构艺术本体的过程，也是一个利用不同学科领域的基本理论来指导、认识和检验具体对象的过程，属于自上而下的方法探索与路径。在此基础上，将甘孜藏式民居装饰艺术置于现实的时空环境中，参照文化人类学视角对其当下生存现状进行考察，可以了解民居装饰与人、社会时代之间的互动演化关系，从而构建一个由点及面、自下而上的探索路径，这是回归和审视艺术本体价值的过程。装饰艺术的存在性质，既有历时性的纵向演化传承，又有共时性的横向空间展现。因此，要全面认识装饰艺术本体及其存在意义，应建立解读对象的立体维度。而解读本身既是审美体验的过程，也是激活艺术本体价值的重要方式。只有二者相互作用，客体对象才会在主体研究的认识过程中被活化为具有充分表现力的艺术。

三、所获得的认识与方法有利于藏族相关艺术的解读

甘孜藏式民居装饰艺术是博大精深、浩如烟海的中华藏族文化艺术中的一颗明珠。从民居装饰艺术的角度切入对藏族文化的基本了解，是一个较为现实的途径，因为甘孜藏式民居装饰艺术作为宗教艺术民间化、世俗化、生活化的反映，不仅精练和简约了藏族文化的表达形式，而且有更为贴近需求主体的变通性。文化服务的主体是人，文化的发展始终与人类的需求相一致。通过甘孜藏式民居装饰艺术文化可以了解藏族群众物质与精神的基本需求，并且通过对其生存现实的考察，更容易敏锐地感知到他们观念与需求的变化，以及其民居装饰艺术在未来的发展趋势。民居村落作为不可移动的文化景观遗产，和传统藏族文化的其他显性样式相比，被改变的速度相对缓慢，对其进行考察可以获得对现当代背景下区域民族文化变迁规律的客观认识。

与此同时，作为具有文化符号性质的甘孜藏式民居装饰艺术，特别是装饰图纹，在藏族其他物质载体如服饰、生活器具上有着同样的表现和作用。“窥一斑而知全豹”，通过对甘孜藏式民居装饰艺术的研究，可以把所掌握的知识和方法触类旁通地应用于

对藏族其他视觉艺术进行分门别类的认识和研究。甘孜藏式民居装饰艺术不仅因地域、族群、文化等原因而形成区域特色，还反映着藏式装饰艺术的普遍意义。因而，为了充分理解人、自然、文化、生活、信仰和符号之间的关系，探索区域文化群体中视觉艺术符号所具有的价值和意义，可以将甘孜藏式民居装饰艺术作为进一步深入研究藏族文化相关艺术的基础。

四、研究存在的不足与尚需进一步探究的问题

研究本身是一个不断持续和深化的过程。现阶段，本书围绕研究主体对象在广度和深度方面仍存在诸多不足：一是由于甘孜州地理环境的特殊性和研究对象的多样性，调查过程容易受交通条件、气候条件、可进入性季节等方面的限制，难以对甘孜州所有区域的民居进行逐一考察。对各地彩绘和雕刻手工艺人的调研覆盖面也存在不足。二是许多来自经书典籍的文献是藏文，文字障碍导致本书在涉及装饰图纹的意义解读时，存在原典引用较少、考据不够、理论深度不足等缺点。三是囿于学科专业背景的局限，本书在关涉民居装饰艺术的建筑学、民族学、民俗学领域的研究较为乏力。同时，由于研究过程参与性和体验性深度不够，研究观点难免带有主观性和片面性。

针对本书的研究主题，尚需拓展和深入探究的问题主要有三个方面：一是甘孜藏式民居装饰与其他涉藏地区民居装饰之间的比较研究。这需要在更广泛的田野调查基础上进一步开展，以便从更宏观的视野理解和展现其区域文化的共性与特殊性。二是对康巴地区藏式居住文化的研究还需进一步深化，包括传统民居的建造文化与居住文化、民居聚落与族群生产实践、自然生态环境的依存关系等领域的研究，也包括从艺术人类学个案研究视角切入，对其族群居住生活习性进行观察、了解，或从被研究者文化主位的角度来内观群体价值观的动态变化，以及这些变化如何影响未来的居住方式和装饰形式的选择。三是基于对区域文化遗产价值的认识，对甘孜藏式民居及其乡村聚落的代表性建筑景观、装饰的核心技艺及其手工艺人等，都可以开展更加全面的记录记述、调研整理和分类研究。时代变迁总是将具体的历史传承置于动态发展的研究视野之中，更进一步地，我们可以将甘孜藏式民

居研究作为视域出发点，对康巴地区诸多藏族民间文化遗产开展保护性、基础性、系统性的学术研究。这将涉及更为广阔的人类学、民族学和社会学研究领域，也是我们需要努力探索方法和总结经验的永恒课题。

参考文献

阿洛瓦·里格尔，1999. 风格问题：装饰艺术史的基础. 刘景联，李薇蔓，译. 长沙：湖南科学技术出版社

爱弥尔·涂尔干，2006. 宗教生活的基本形式. 渠东，汲喆，译. 上海：上海人民出版社

安旭，1988. 藏族美术史研究. 上海：上海人民美术出版社

陈绶祥，2016. 遮蔽的文明. 北京：北京时代华文书局

陈望衡，1998. 中国古典美学史. 长沙：湖南教育出版社

陈耀东，2007. 中国藏族建筑. 北京：中国建筑工业出版社

大卫·布莱特，2006. 装饰新思维：视觉艺术中的愉悦和意识形态. 张惠，田丽娟，王春辰，译. 南京：江苏美术出版社

得荣·泽仁邓珠, 2001. 藏族通史·吉祥宝瓶. 拉萨：西藏人民出版社

恩斯特·卡西尔，2007. 人论. 甘阳，译. 上海：上海译文出版社

弗朗兹·博厄斯，2004. 原始艺术. 金辉，译. 贵阳：贵州人民出版社

尕藏，1992. 藏传佛画度量经. 西宁：青海民族出版社

甘孜州文化局，1989. 康巴藏族民间美术. 成都：四川民族出版社

甘孜州志编纂委员会，1997. 甘孜州志. 成都：四川人民出版社

格勒，2014. 康巴史话. 成都：四川美术出版社

格勒，海帆，2005. 康巴：拉萨人眼中的荒凉边地. 北京：生活·读书·新知三联书店

根秋登子，白玛英珍，2016. 雪域精工：藏族手工艺全集. 成都：四川美术出版社

贡布里希. 1990. 象征的图像：贡布里希图像学文集. 杨思梁，范景中，译. 上海：上海书画出版社

贡布里希，2000. 秩序感：装饰艺术的心理学研究. 杨思梁，徐一维，范景中，译. 长沙：湖南科学技术出版社

杭间，张夫也，孙建君. 2001. 装饰的艺术. 南昌：江西美术出版社

何泉，2017. 西藏乡土民居建筑文化研究. 北京：中国建筑工业出版社

霍巍，李永宪，2004. 西藏考古与艺术：国际学术讨论会论文集. 成都：四川人民出版社

康·格桑益西，2005. 藏族美术史. 成都：四川民族出版社

康定斯基，2003. 康定斯基论点线面. 罗世平，魏大海，辛丽，译. 南宁：广西师范大学出版社

克利福德·格尔茨，2008. 文化的解释. 南京：译林出版社

克洛德·列维-斯特劳斯，2006. 结构人类学. 张祖建，译. 北京：中国人民大学出版社

理查德·豪厄尔斯，2007. 视觉文化. 葛红兵等，译. 南宁：广西师范大学出版社
刘红婴，王健民，2003. 世界遗产概论. 北京：中国旅游出版社
刘勇，2005. 鲜水河畔的道孚藏族多元文化. 成都：四川民族出版社
刘志群，2000. 西藏祭祀艺术. 石家庄：河北教育出版社
鲁道夫·阿恩海姆，2006. 建筑形式的视觉动力. 宁海林，译. 北京：中国建筑工业出版社
鲁道夫·阿恩海姆，2006. 艺术与视知觉. 滕守尧，朱疆源，译. 成都：四川人民出版社
鲁道夫·阿恩海姆，2007. 视觉思维：审美直觉心理学. 滕守尧，译. 成都：四川人民出版社
罗伯特·比尔，2007. 藏传佛教象征符号与器物图解. 向红笳，译. 北京：中国藏学出版社
马克斯·韦伯，2002. 社会科学方法论. 韩水法，莫茜，译. 北京：中央编译出版社
马学良，恰白·次旦平措，佟锦华，1994. 藏族文学史. 成都：四川民族出版社
欧文·潘诺夫斯基，1987. 视觉艺术的含义. 傅志强，译. 沈阳：辽宁人民出版社
钱穆，2002. 中国文化史导论. 北京：商务印书馆
乔根锁，2004. 西藏的文化与宗教哲学. 北京：高等教育出版社
曲杰·南喀诺布，2014. 苯教与西藏神话的起源："仲"、"德乌"和"苯". 向红笳，才让太，译. 北京：中国藏学出版社
任乃强，2000. 康藏史地大纲. 西藏社会科学院整理. 拉萨：西藏古籍出版社
任新建，李明泉，2018. 四川藏区史：政治、经济卷. 成都：四川人民出版社
石硕，2005. 藏彝走廊：历史与文化. 成都：四川人民出版社
石硕，2024. 康藏史（古代卷、近代卷）. 北京：社会科学文献出版社
苏珊·朗格，1986. 情感与形式. 刘大基，傅志强，译. 北京：中国社会科学出版社
苏珊·朗格，2006. 艺术问题. 滕守尧，译. 南京：南京出版社
汤勇，潘敏，2018. 本土建造：甘孜传统民居遗韵. 成都：四川美术出版社
腾守尧，2022. 审美心理描述. 成都：四川人民出版社
图齐等，2012. 喜马拉雅的人与神. 向红笳，译. 北京：中国藏学出版社
王铭铭，2002. 美学是什么. 北京：北京大学出版社
王文章，2006. 非物质文化遗产概论. 北京：文化艺术出版社
王岳川，1994. 艺术本体论. 上海：上海三联书店
王朝闻，2005. 美学概论. 北京：人民出版社
威廉·A. 哈维兰，2006. 文化人类学. 瞿铁朋等，译. 上海：上海社会科学院出版社
沃尔夫林，1987. 艺术风格学：美术史的基本概念. 潘耀昌，译. 沈阳：辽

宁人民出版社
巫鸿，2023. 艺术与物性. 上海：上海书画出版社
吴明娣，2007. 汉藏工艺美术交流史. 北京：中国藏学出版社
杨嘉铭，杨环，2007. 四川藏区的建筑文化. 成都：四川民族出版社
于小冬，2006. 藏传佛教绘画史. 南京：江苏美术出版社
藏族简史编写组，2006. 藏族简史（3 版）. 拉萨：西藏人民出版社
扎雅·罗丹西饶活佛，2008. 藏族文化中的佛教象征符号. 丁涛，拉巴次旦，译. 北京：中国藏学出版社
张世文，楞本才让·二毛，夏吉·扎曲，2011. 藏族传统手工宝典. 拉萨：西藏人民出版社
张亚莎，2006. 西藏的岩画. 西宁：青海人民出版社
朱光潜，1979. 谈美书简. 北京：人民文学出版社

后　记

出版此书的目的，一是让外界认识甘孜的传统藏式民居，二是让其装饰艺术的价值能够得到重视。本书主要分析了甘孜藏式民居装饰艺术的本体特征，及其多元一体的区域性风格，并考察其在现当代的变迁与演化。其中反映的藏族文化艺术的基本特质，承载的非遗内涵，对当地推动乡村振兴、“文旅融合发展”等国家战略的实施有着一定参考价值。受地域和时间条件限制，笔者对甘孜州整个区域内民居风格的考察、梳理和研究还不够全面，对民居装饰技艺传承人及其文化生态的田野深描与阐释也不够细致，对民居装饰艺术制作过程及其相关影像的收集也相对有限。因此，本书所作的研究仅触及甘孜藏式民居装饰艺术的基本特征与当地文化特质的表象。笔者认识到：以藏传佛教为主体的藏族文化博大精深，其艺术种类和形式极其丰富，因而本书仅为研究藏族民间艺术文化遗产的一次尝试性探索。甘孜藏式民居作为当地文化的静态与活态遗存样本，其生存与发展必然呈现出共时性与历时性相交织的动态演化，因而值得学术界长期研究和关注。

能完成现阶段的工作，并使本书成为引介甘孜藏式民居装饰艺术的基础性著作，得益于四川大学王挺之教授、霍巍教授的阶段性指导，以及在具体研究过程中黄兴先生、汤勇先生、沈军先生、文志远先生、毕琪女士的鼎力相助，在此一并向他们表示衷心的感谢！希望学界同仁能够提出宝贵的意见，以便推动这一领域的研究不断向前发展。